JN065460

自由研究・
中学入試対応

\小中学生向け/

キッチンで頭がよくなる！
理系脳が
育つレシピ

著 料理家
中村陽子

監 中学受験のプロ家庭教師・
修 名門指導会　副代表
辻 義夫

飛鳥新社

はじめに

とろ〜りカレーと サラサラのカレー、 冷めにくいのはどっち？

とつ然ですが、とろみのあるカレーやあんかけのようにとろみのある料理、

または、スープカレーのようにとろみのないサラサラした料理。

このどちらが冷めにくいでしょう？

この答えは、36、37ページのカレーを作って、38ページの解説を読めば、

わかります！

気になった子は、早速、カレー作りにチャレンジ！

料理やおかし作りをしていると、

ふしぎでおもしろい現象にたくさん出あうことができます。

たとえば、野菜に火を通すと、かたい野菜がやわらかく、あまくなったり、

砂糖やバターをまぜたドロドロの小麦粉の生地を

オーブンで焼くとふっくらと

ふくらんだり。

あたりまえのようだけど、

よく考えてみると、

ふしぎに感じます。

料理のひとつひとつの工程や作業には、料理を
おいしくしたり、見た目をよくするなどの理由があって、
「なぜ?」がわかると、料理はもっとおもしろくなります。
そして、そのなぜ? を解明するためのカギが、「理科」なんです。
実際に、中学受験の理科でも、料理や食材を題材にした問題が
たくさん出題されています。

料理は、身の回りのことをよく観察し、
「どうして?」「なぜ?」と考える力をつけるのにぴったり。
中学受験をめざしている子はもちろん、受験をしない子にとっても、
自分で考え、学ぶ力の土台となってくれるでしょう。

料理やお手伝いに慣れていない子は大人といっしょに作って、
だんだんと料理のうでがあがってきたら、いよいよひとりで!
・小学校低学年は、まずは作って食べて、五感で楽しむ!
・小学校中学年は、解説も読んで「ふしぎ」を解明!
・小学校高学年と中学生は、本書の内容が学校の理科の授業と直接つながっ
ていくので、料理にまつわる類似問題にもチャレンジしてさらに理解を深める!
こんなふうに、段階的に取り組んでいくのもおすすめです。
いつのまにか料理も理科も好きになるはずです。
料理をしながら、ふしぎを発見し、理系脳を育てていきましょう!

中村陽子

3

目次

PART

2 色
いろ

あわもこムース …44

ぶどうの色素
しきそ
・アントシアニンがピンクや青に変身する魔法！…47
あお へんしん まほう

デザインフルーツ …50

フルーツの中の色が空気中の酸素にふれて変化！…54
なか いろ くうきちゅう さんそ へんか

科学って
かがく
おもしろい
コラム

PART

3

濃度（のうど）・
密度（みつど）

この本の使い方

まずはスイーツや料理作りにチャレンジ！

スーパーで買える身近な材料、キッチンにある道具で
手軽に作れるおかしや料理のレシピを紹介します。

**作る前に
材料と道具を
準備！**

調理に使う主な道具を
紹介します。
調理を始める前に、あ
らかじめ必要な分量の
食材と使う道具を用意
しておきましょう。

**写真を
確認しながら
作ってみよう！**

作り方の工程は、すべ
てわかりやすい写真つ
き。どんな状態をめざ
すのか、写真と実物を
チェックしながら作れ
ば、はじめてのメニュ
ーだって失敗知らず！

メニューのふしぎを理科で解明！

キッチンで感じたこと、気づいたことをふりかえりながら、料理の中でどんなふしぎが起こっているのか、理科の視点からひもといていきましょう。すべてのことには理由があります。知ればますます料理も理科もおもしろくなるはず！

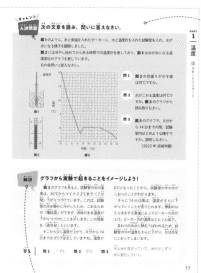

中学受験の問題にトライ！

料理をテーマにした入試問題をピックアップ。もし難しいなと感じたら、すぐに解答を見ずにレシピページに戻って確認してみましょう。きっとヒントが見つかります。

理科の専門家が解説！

調理中に見られる現象や食材に起きている変化について、わかりやすく解説します。

問題をときおわったら、解説と答えをチェック！ 記述問題の解答は、解答例です。

私が解説します！

理科のおもしろさをわかりやすく伝えるプロフェッショナル、辻 義夫先生が解説。料理をするとわかることを入り口に、試験問題でつまずきがちなポイントもていねいにレクチャーします。

辻 義夫先生

基本の道具

道具を使いこなすことも、料理&実験じょうずの条件。
とくに計量は、できあがりを左右する大事なポイントです。

計量スプーン

少量の液体や粉類をはかるときに使います。大さじ1は15mL、小さじ1は5mL。

\ POINT /
粉類は山盛りにすくって、ほかのスプーンの柄ですりきってはかります。

計量カップ

計量スプーンより多めの材料をはかるときに。1カップは200mLが一般的ですが、300mL、500mLなど、さまざまなサイズがあります。

\ POINT /
たいらなところにおき、目線を目盛りに合わせて計量すると正確にはかれます。

電子スケール

材料の重さをはかるはかり。1g単位や0.1g単位できっちりはかることができるデジタル式がおすすめ。

\ POINT /
先に容器をのせてスイッチをいれ、表示を0gに。次に材料をのせると、材料の重さだけをはかることができます。

包丁&まな板

木のまな板は、使う前にサッと水でぬらしておくと、においや色がつきにくくなります。

ボウル

まぜたり、あわ立てたりするときに活躍。電子レンジであたためるときは耐熱のものを。

ゴムべら・木べら

材料をまぜるときに使います。ゴムべらはクリームなどやわらかいものをまぜるときに、木べらはフライパンでいため合わせるときに、使い分けて。

あわ立て器

生クリームや卵白をあわ立てたり、しっかりまぜ合わせたいときに。おかし作りには、ハンドミキサーがあると便利!

電子レンジ

機種によってW数や使い方がちがいます。この本では600Wの電子レンジを使用しています。500Wの場合は、加熱時間を1.2倍にしてください。また、材料を容器ごと加熱する場合は、耐熱容器に入れる必要があります。はじめて使うときは、おうちの人に使い方を確認しましょう。

オーブン・トースター

オーブンは温まるのに時間がかかります。あらかじめ設定温度に温めておくことを「予熱」といいます。オーブンやトースターで焼いたものはとても熱くなっているので、取り出すときは必ず耐熱ミトンをはめ、容器や天パンに直接さわらないようにしましょう。

あたたかい部屋の中で
ジェラートができちゃう!?

作りわけるコツは!?

半熟卵にする？

それとも

逆さ卵？

PART 1

温度

食べ物を熱湯でゆでる、冷やし固める、水につけて冷ます。

料理と温度は切っても切れない関係です。

でも、温度によって味わいや食感が変わるのはなぜ？

温度のふしぎを4つのメニューから体感しましょう。

同じ材料のチョコなのに

なめらか〜 ザラザラ…

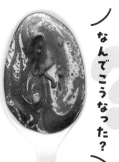

なんでこうなった？

とろ〜りカレー と **サラサラカレー**

冷めにくいのはどっち？

I LOVE ICE CREAM

冷凍庫に
入れなくても
20分で
超冷たい！

口どけふんわり、お店の味！

スピード
ジェラート

アイスクリームはふつう、冷凍庫で冷やし固めて作ります。でも、氷と塩があれば、あたたかい部屋の中でもひんやり冷たいアイスクリームや本格的なジェラートができちゃうんです。

あわ立て器でまぜつづけて作るから、空気をたっぷりふくんで口どけも最高！

材料 （作りやすい分量）

牛乳 … 100mL

生クリーム … 100mL

チョコレートシロップ（市販）… 大さじ5

アイスクリームコーン … 適量

氷 … 500〜700g

塩 … 200〜250g（氷の約1/3量）

道具

● アルミ（またはステンレス）ボウル

● アルミボウルよりひと回り大きいボウル

● あわ立て器

● スプーン

13

スピードジェラートの作り方

1 ボウルに、牛乳100mL、生クリーム100mL、チョコレートシロップ大さじ5を入れてあわ立て器でまぜる。ボウルは、熱が伝わりやすいアルミ製、またはステンレス製を選んで。

2 別の大きめのボウルに氷500gを入れ、ボウルの側面に氷を沿わせるようにして広げる。

3 塩200gを**2**の全体にふりかける。

4 **2**に**1**のボウルをのせ、ときどきあわ立て器でまぜ合わせながら、15〜20分ほど置く。

アレンジアイデア
グラスに入れてひんやりシェイク

完全に冷え固まる前の状態でグラスに入れて、太めのストローをさせば、ひんやりシェイクの完成。ホイップクリームやクッキーをトッピングしても楽しい！

5 あわ立て器の筋がつくくらい固まってきたら、しっかり底からかきまぜつづける。

6 途中、氷がとけてきた場合は、氷と塩をそれぞれ足す。

7 ジェラート液がこおってボウルの底に貼りついてきたら、スプーンではがしながらさらにまぜ合わせる。

8 ふんわりと全体が冷え固まり、スプーンで持ち上げるとツノが立つくらいになったら完成。アイスクリームコーンに盛る。

できた！

/ POINT /

底からこそげとるようにしっかりかきまぜるのがポイント。空気を入れるように大きくまぜることで、底の冷たい空気が全体に行きわたり、全体が早く冷え固まります。

手作りジェラートはとけやすいのが特ちょう！すぐに食べないときは、ボウルごと冷凍庫へ。

15

氷に「塩」をかけると ジェラートが作れる秘密

塩で氷がとけて温度が下がるから！

水（液体）を100℃以上に熱すると「水蒸気（気体）」に変わり、0℃以下に冷やすと「氷（固体）」に変わりますね。

でも、すがたが変わるって、想像しただけでも大変そうでしょう？

その通り、すがたを変えるには、「熱」を加えたりうばったりが必要なのです。

スピードジェラート作りでは、氷に大量の塩をかけました。水は0℃でこおりますが、水以外のじゃまもの（塩など）が入ると氷でいられなくなって、とけ出します。とけるときには周りの熱をうばうので、温度が下がります。こうして0℃よりも低い温度でなければ水はこおらなくなります。

0℃よりも低い温度でこおることを凝固点降下といいます。このように「塩が氷をとかす」「氷が水になるときに温度が下がる」「水にさらに塩がとけ、こい塩水にふれている氷がとける」という連続で、ボウルの中はジェラートが作れるマイナス15〜20℃ほどになるのです。

いっしょにあそぼ〜！

ふしぎ解明 POINT

ジェラート作りをもっと スピードアップするには？

塩のように、氷の温度を下げる役割をする物質を、「寒剤」といいます。

寒剤である塩と氷がふれている面積を増やすと、温度はより早く下がります。

ジェラート作りのときに、氷をくだいてみましょう。氷の表面積がふえて、たくさんの塩が氷につくことができるため、ジェラートをより早く冷やすことができます。

次の文章を読み、問いに答えなさい。

図1のように、氷と食塩を入れたビーカーに、水と温度計を入れた試験管を入れ、水が氷になる様子を観察しました。

図2には冷やし始めてからある時間での温度計を表しており、図3は水が氷になる温度変化のグラフを表しています。

右の各問いに答えなさい。

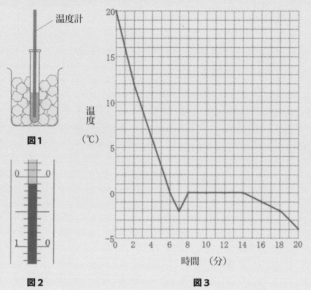

温度計

図1

図2

時間（分）

図3

問1 図2の目盛りが示す値は何℃ですか。

問2 水がこおる温度は何℃ですか。図3のグラフから読み取りなさい。

問3 図3のグラフで、8分から14分までの間、試験管内はどのような様子ですか。説明しなさい。

（2022年 成城学園）

解説 | グラフから実験で起きることをイメージしよう！

　図3のグラフを見ると、試験管の水の温度は、20℃からマイナス2℃まで（7分間）下がりつづけています。これは、試験管の水を静かに冷やしたため、こおるための「種結晶」ができず、液体のまま温度が下がりつづけたことを示します。この現象を「過冷却」といいます。

　そこから少し温度が上がり、8分から14分までは0℃で安定していますね。温度が

0℃になったことから、試験管の中の水がこおったことがわかります。

　さらに14分以降は、温度がさらに下がっていくことが見てとれます。寒剤のはたらきをする食塩によってビーカーの氷がとけ、ビーカー内の温度はぐんぐん低下。

　まわりの氷水に熱をうばわれるため、試験管の中の温度もさらに下がり、水は完全にこおってしまいます。

答え | **問1** −1℃ **問2** 0℃ **問3** 水と氷が混ざっていて、水が少しずつ氷に変化していく。

とかし方のひと工夫で、口どけなめらかに！

つやめき スプーンチョコ

スプーンにとかしたチョコレートを流しこんで、思い思いにデコレーション！ プレゼントにもぴったりのかわいいスイーツです。おいしく仕上げるポイントは、とかし方。ただとかすだけでは、おいしいチョコにはならないって、知っていましたか？

温度を
あやつって
なめらか
チョコに！

材料 （スプーン約10本分）

好みの板チョコレート … 1と1/2 〜2枚 (75〜100g)
好みのトッピング材料 （スプリンクル、アラザン、カラーシュガー、ミニチョコボール、刻んだナッツやドライフルーツなど）
… **適量**

道具

● プラスチックのスプーン 10 本
● まな板　　　　　　　　　● 包丁
● クッキングシート　　　　● ステンレスボウル
● ボウルが入るなべ　　　　● ゴムべら
● 大きめの皿やバット　　　● ティースプーン

19

つやめき スプーンチョコ の作り方

1 まな板の上にクッキングシートをしいて、板チョコ1と1/2〜2枚を5ミリ角に刻み、その2/3量を、水分や油分がついていないきれいなステンレスボウルに入れる。

2 1のボウルがすきまなく入るなべに、高さ1/3まで水を入れ、中火にかける。なべのふちに小さなあわが出てきたら、火からはずす。湯の温度は50〜60℃になっている。

3 なべに1のボウルをのせる(湯せん)。ボウルがぴったり入るサイズのなべにするのは、チョコレートの入ったボウルに水蒸気が入らないようにするため。水分が入ると、チョコレートが分離しやすくなる。

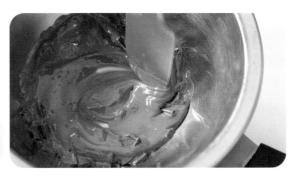

4 チョコレートがとけはじめたら、ゴムべらで中心から一定方向にゆっくりまぜてとかす。

5 チョコレートのかたまりが少し残るくらいになったら、湯せんからはずし、1の残りのチョコレートを加える。

| POINT |

一定方向にまぜることで、チョコレートの油分が分離するのをふせぎます。空気が入らないように、ボウルの底にゴムべらをつけ、こするようにまぜましょう。

6 ゴムべらでやさしくまぜ、余熱でなめらかにとかす。このときまぜすぎると、チョコレートにつやがなくなるので注意。

7 スプーンの持ち手を、大きめの皿かバットのふちに置くなどして、スプーンが水平になるように並べる。

8 **6**のチョコレートをティースプーンなどで等分に流し入れる。

9 チョコレートが固まる前に、好みのトッピング材料でかざる。

できた！

冷蔵庫で15分以上冷やし固めたら完成！

つやめきスプーンチョコの ふしぎ解明

チョコレートはとける温度によって味や舌ざわりが変わる!

特別な技術なしで
チョコのおいしさをアップ

チョコレートをおいしく作るには、特別な技術が必要ですが、このレシピでは必要ありません。チョコレートを専門にあつかうおかし職人を「ショコラティエ」と呼びます。ショコラティエが使う大事な技術のひとつが、「テンパリング」です。

テンパリングとは、チョコレートをとかすときに、温度の調整をすること。そうするとチョコレートの結晶がそろって、つやのあるおいしいチョコレートを作れます。

テンパリングの代わりに、このレシピでは、市販の板チョコ(テンパリング済みなので)を利用します。とかしたチョコレートに、刻んだ市販チョコを加えると、市販チョコのきれいな結晶をお手本にしてとけたチョコが次々と結晶化。結晶の形がそろいます。

すると、つやがあって舌ざわりのなめらかなチョコレートができあがります。おいしいチョコレートをけんび鏡でぐーんと拡大して見ると、結晶がきれいに並んでいます。

つやつや!

ブルーム出現!

> 2回にわけてとかしたチョコは、表面がなめらかできれいだね♡

> 一度にとかして固めたチョコは、白い粉が出てザラザラ……!

ふしぎ解明 POINT ①

白くなったチョコは結晶がそろってないから味がイマイチ!

とけてしまったチョコを冷蔵庫で冷やしても、ざらっとしていたり、ブルームといわれる白い粉が出たりしますね。これは結晶がそろっていないから。ちなみに、テンパリングとは、チョコレートを50℃ほどでとかし、まぜながら26℃くらいまで冷やし、また32℃くらいまで温める作業のことです。

次の会話文を読み、問いに答えなさい。

リカ子　「今度のバレンタインで手づくりチョコを作るんだ」

お父さん　「リカ子にチョコレート作りができるかなー」

リカ子　「バカにしないでよね。チョコをとかして固めるくらい私だってできるよ」

お父さん　「いやいや。ただとかして固めるだけでおいしいチョコレートができるなんて大間違いだぞ。じゃあ作ってみよう」

お父さん　「まずはリカ子がはじめに思っていたように作ってごらん」

リカ子　「うん。チョコをとかすところからだね。これは知っているよ。直火でとかそうとすると、こげちゃうから湯せんでとかすんだよね？　まずお鍋にお湯を沸とうさせながら、ボウルを浮かべてそこにチョコを入れてとかすんだよね。あとは型に入れて冷蔵庫で冷やせば出来上がり！」

~ 数時間後 ~

リカ子　「できた！…あれ？　なんだか表面に白い粉みたいなのが出てる。ん？　なんかザラザラしていておいしくない…」

お父さん　「そうだろう。これはファットブルームといって、よく起こる失敗なんだ。リカ子が作った方法では大事な作業が抜けていたんだ。実はチョコレートには1型から6型までの6つの結晶の形があるんだ。結晶の形によって舌ざわりや見た目がずいぶん変わってくる。5型の結晶が一番おいしく、見た目もいいとされている。だからいかに結晶を5型にしていくかがおいしさのカギになるんだ。そして、その5型をたくさん作る作業を『テンパリング』というんだ！」

リカ子　「チョコレートの結晶!?」

お父さん　「まず、成分が規則正しく並んだものを結晶というんだ。チョコレートにはいくつかの結晶の種類があって、それは成分の並び方の違いによるものなんだ。この結晶の種類は温度によって変わり、結晶のできる温度はちょうどこんな表のようになっているんだ」

表．結晶の型とできる温度の関係

結晶の型	1型	2型	3型	4型	5型	6型
できる温度	17℃前後	23℃前後	25℃前後	27℃前後	33℃前後	35℃前後

リカ子　「それで、5型を作るには？」

お父さん　「じゃあ、テンパリングを実際にやってみよう！」

お父さん　「まずはチョコレートを50℃くらいでしっかりととかした後、26℃くらいまで冷やすんだ。ここでとけたチョコレートの一部をいったん結晶にするのだけど、できるのは不安定な3型や4型の結晶なんだ。次にもう一度湯せんして32℃まで温度を上げる。こうすることで、さっきできた3型や4型の結晶がとけるのと同時に、それよりも安定な5型の小さな結晶ができてくるんだ。結晶は不安定な形よりも安定な形になりやすいからね。この小さな結晶が結晶のリーダーとなって、5型の結晶が成長していくんだ。この結晶のリーダーを結晶核というのだけど、リカ子がはじめに作ったものは5型の結晶核が少なく、安定で大きな結晶の6型ができてしまい、ザラザラして舌ざわりも悪く、見た目も白くなってしまったんだ」

しっかりとかす　　　　　いったん冷やす　　　　　32℃まであたためる

リカ子　「結晶？なんだかドロドロしていて固まっていないようだけど」

お父さん　「ドロドロしていてよくわからないと思うけど、チョコレートの中には小さな結晶核がたくさんできているんだ。チョコレートは非ニュートン流体だから、温度を一定に保つために、しっかりと混ぜるということも重要なんだぞ」

リカ子　「ヒニュートンリュータイ？」

お父さん　「非ニュートン流体とは、このチョコレートのように混ぜようとすればするほど"粘り気"がより強くなるものなどを言うんだ」

リカ子　「本当だ。腕が疲れる…」

お父さん　「あとは型に入れて冷やせばみんな安定な5型の結晶で固まっていくんだ。安定な5型は普通の室温くらいではとけないから、白くはならないんだ」

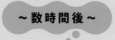

~ 数時間後 ~

リカ子　「わぁー。つやつやしていておいしそう！」

ふしぎ解明 POINT②

とかしたチョコをしっかりとまぜつづける必要があるのはなぜ？

問題文ではお父さんが「チョコレートは非ニュートン流体だから、温度を一定に保つために、しっかりとまぜるということも重要」といっています。ねばりけのあるチョコレートでは水のように対流（P.38）が起こらず、湯せんをしているとボウルの底のほうばかり温められてしまいます。全体をねらった温度にするためには、ていねいにまぜて湯の熱を均等に伝えることが重要なのですね。

問1 テンパリングを行ったチョコレートとテンパリングを行わなかったチョコレートとをくらべると、テンパリングを行ったチョコレートの方が、より固まりやすくなります。その理由を次のア〜エから1つ選び、記号で答えなさい。

ア 3型や4型が5型の結晶にすみやかに変化するから

イ 結晶核がたくさんできているので、色々なところで結晶化が進むから

ウ 26℃以下にならないと固まらないから

エ 安定な5型の結晶ができるから

問2 テンパリングは温度を上げたり下げたりと複雑ですが、チョコレートを50℃くらいにしてとかし、冷やす時にきざんだ市販のチョコレートを入れると、テンパリングを行う必要はありません。この時の市販のチョコレートのはたらきを答えなさい。

問3 テンパリングを行ったチョコレートでも長期間保存すると、表面が白くなることがあります。この現象が起こる原因となる季節を春・夏・秋・冬の中から1つ選び、答えなさい。また、そのように判断した理由を答えなさい。

（2012年　渋谷教育学園渋谷中学校）

解説 **「お父さん」が出してくれるヒントを整理しながら考えよう**

　この問題をとくための最大のポイントは、リカ子さんとお父さんの会話をしっかり読むことです。チョコレートの結晶の種類や結晶化する温度を知らなくても、問題文をきちんと読めばすべてお父さんが教えてくれています。

　おうちでチョコレート作りをしたことがあれば、あわてずに落ち着いて問題文を読めますね。

　問3は、テンパリングをしたチョコの結晶が、別の結晶型に変わってしまう条件を考える問題です。問題中の表には、5型の結晶は33℃前後でとける、とありますね。気温が33℃以上になってとけ出すと、5型より安定な6型の結晶として固まってしまうと考えられます。

答え

問1 エ

問2 すでに5型の結晶になっている市販のチョコレートが核になり、そのまわりに5型の結晶が増えていく。

問3 夏　理由：気温が高くなることで部分的にとけ、固まるときに6型の結晶ができるから。

25

白身が
とろりん
逆さ卵

黄身が
とろりん
半熟卵

湯の温度と時間が決め手！

卵は、ゆで時間が長ければ「固ゆで卵」に、短めなら「半熟卵」になります。では、白身がぷるぷるで黄身が固まった温泉卵（別名・逆さ卵）にするには？　逆さ卵と半熟卵を使ったおいしいレシピもご紹介！

材料
常温の卵
（Mサイズ・58〜61gのもの、冷蔵庫から出して30分たったもの）
を使用！

道具

●なべ　●おたま　●ボウル

逆さ卵 と 半熟卵

材料
冷蔵庫で冷やした卵
（Mサイズ・58〜61gのもの）
を使用！

道具

●なべ　●おたま　●菜ばし　●ボウル

PART 1 温度

③逆さ卵と半熟卵

1
なるべく厚手のなべに1Lの水を入れ、中火にかける。ふっとうしたら火を止め、水200mLを加える。

2
おたまにのせた卵をそっと入れ、すきまができないようぴったりとしたふたをして12分置く。

3
冷水にとり、すぐに割る。

1
小さめのなべにたっぷりの水を沸かし、ふっとうしたらおたまにのせた卵をそっとしずめる。

2
弱めの中火にして6分30秒ゆでる。はじめの2分間ほどは菜ばしでころがしながらゆでると、黄身が真ん中に。

3
すぐに冷水にとり、あら熱がとれたら平らなところに軽く打ちつけてひびを入れ、からをむく。白身がくっついてむきにくい場合は、水の中でむくとよい。

27

逆さ卵で カルボナーラ うどんの作り方

材料 （1人分）

逆さ卵 … 1個

冷凍うどん … 1玉 (200g)

ベーコン … 1枚

牛乳 … 大さじ3

粉チーズ … 大さじ2

塩、あらびき黒こしょう … 各少々

パセリのみじん切り … 好みで

1 ベーコンは1センチ幅に切る。

2 耐熱皿にうどんをのせ、ベーコンを全体に散らし、牛乳を回しかける。

3 ラップをかけて電子レンジ（600W）で5分加熱する。

4 ラップをはずし、粉チーズをふってまぜ、塩で味をととのえる。

5 器に盛り、逆さ卵をのせ、粉チーズ少々（分量外）とあらびき黒こしょう、パセリのみじん切りをふる。

半熟卵で ポテサラエッグトーストの作り方

材料 (1人分)

半熟卵 … 1個

食パン(6枚切り) … 1枚

じゃがいも … 小1個 (100g)

コーン (缶詰) … 大さじ1

塩、こしょう … 各少々

マヨネーズ、しょうゆ … 各適量

1 じゃがいもは水でぬらして皮ごとラップで包む。電子レンジ(600W)で2分加熱してひっくり返し、さらに1分加熱する。

2 ラップをはずして器に入れ、熱いうちにすりこぎやフォークなどであらくつぶす。

3 つぶしていくと、皮が自然にとれるので、はしなどでつまんで除く。

4 食パンにマヨネーズを薄くぬり、**3**のじゃがいもを広げてのせ、コーンを散らす。塩、こしょうをふって、マヨネーズをしぼる。

5 180℃に予熱したトースターで食パンがカリッとするまで焼き、半熟卵をのせ、好みでしょうゆをたらす。

逆さ卵と半熟卵のふしぎ解明

卵の白身が固まるときと黄身が固まるときのちがいは？

熱が加わるとタンパク質の状態が変わる！

　卵のおもな成分は、タンパク質。タンパク質は、生き物の体を作る重要な成分のひとつです。わたしたちの体の筋肉や脳などもタンパク質でできています。

　タンパク質には、熱が加わると性質が変わる、という特ちょうがあります。人の体も、あまりに体温が上がると命にかかわりますね。これは、体の中のタンパク質が熱によって大きなダメージを受けるからです。

　タンパク質はさまざまな種類があります。ふだんは体の細胞などの中でタンパク質が小さく折りたたまれている状態で、自由に動いたり、特定の場所にいたりします。

　卵のタンパク質は、生のときは水の中で浮いているような状態になっています。ところが、高熱が加わると、折りたたまれていたタンパク質がグーンと伸ばされて、長い糸のように。すると、タンパク質同士がからまりあって、身動きがとれない状態で固まってしまうのです。

からまって動けない～！

ふしぎ解明 POINT ①

卵をゆでると固まるのはタンパク質が新しい形になるから

　卵を熱湯で10分以上ゆでると、黄身も白身も完全に固まります。これは加熱によってタンパク質が新しい形になるから。

　一度変化したタンパク質は、温度を下げても、もうもとにはもどりません。熱以外にも、塩や酢などにふくまれる酸にもタンパク質を固めるはたらきがあります。

白身と黄身の固まる温度のちがい

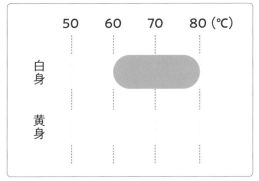

	50	60	70	80 (℃)
白身				
黄身				

白身は 80℃前後で完全に固まり、黄身はそれより低い 70℃前後で固まります。

タンパク質は種類によって固まる温度がちがう！

　白身の中のタンパク質は、60℃くらいから固まりはじめ、80℃で完全に固まります。ところが、黄身の中のタンパク質は、65℃くらいから固まりはじめ、70℃をこえると完全に固まります。

　このちがいを利用すれば、好みのゆでかげんの卵が自由自在に作れます。

　熱湯で白身をすばやく固め、中心の黄身にまで熱が伝わる前に火をとめれば、白身が固まって黄身はやわらかな半熟卵に。

　反対に、白身が完全に固まる前の 70℃前後をキープすれば、黄身だけが固まり、白身はぷるぷるやわらかな逆さ卵（温泉卵）になるわけです。

いい湯だねぇ～

ふしぎ解明
POINT ②

「温度」と「時間」がキーポイント！ゆでる前の卵の温度も重要

　逆さ卵（温泉卵）を作るには、ゆでる湯の温度を黄身が固まる 65 〜 70℃に保つことが大事。冷たい卵を湯に入れると、湯の温度が下がりやすいので、常温の卵を使います。冷蔵庫から出したばかりの冷たい卵は、中心まで熱が伝わるのに時間がかかるため、黄身がやわらかいままの半熟卵に向いています。

次の会話文を読み、問いに答えなさい。

はじめさん、クリスさん、おうきさんの3人が、話をしています。

はじめ 昨日、図書館で本を読んでいたら、逆さ卵っていう卵料理がのっていたんだ。

クリス 温泉卵のことだよね。白身がとろとろで黄身の表面が固まっていて、おいしいよね。

はじめ 私たちにも作れるかな。

おうき 半熟卵と同じ方法で、逆さ卵ができないかな。半熟卵って6分くらい加熱して作るって聞いたことがあるから、なべに水と卵を入れて6分間加熱して作ってみるね。

3人は家に帰って、大人に見てもらいながら逆さ卵を作ってみました。3人のうち、逆さ卵作りに成功したのは、はじめさんだけでした。

はじめ なべに水を1000mL入れて、最初に水を十分にふっとうさせるんだ。その後、加熱をやめて、7分間放っておいた後、なべに卵を入れて、25分間そのまま置いておくと、でき上がるよ。

おうきさんとクリスさんは、再び家に帰って、はじめさんに聞いた方法で作ってみました。しかし、ふたりともはじめさんが作ったような逆さ卵にはならず、黄身も白身も固まったものや、黄身も白身もほとんど生のものができました。水の量や時間は同じなのに逆さ卵ができなかったことを不思議に思った3人は、次のような実験をしました。

はじめ 卵を割って、白身と黄身に分けるんだ。分けた白身と黄身を、それぞれ約100℃、約70℃、約50℃の水の中に25分間入れたままにして、白身と黄身の様子を観察しよう。

表．実験結果

		白身	黄身
卵を入れる直前の水温	100℃	白身は白くなって固まった	黄身は固まった
	70℃	白身は一部白くなったが、水に入れる前とほぼ同じ状態だった	黄身の表面が固まった
	50℃	白身は水に入れる前と同じ状態で、固まらなかった	黄身は水に入れる前と同じ状態で、固まらなかった

おうき この実験から、水温が白身と黄身の固まり方に関係していることがわかるよね。

クリス はじめさんが行った方法で、ふっとう後、7分間放置して、卵を入れるときの水温は何度だったのかな。

はじめ　だいたい 80℃だったよ。

おうき　それなら、ふっとうした後に火を止めて、お湯の温度が 80℃になってから卵を入れて 25 分間待てば、はじめさんと同じ逆さ卵ができるね。

問1　逆さ卵ができる仕組みを説明しなさい。説明するときには、白身と黄身の温度による固まり方のちがいにふれなさい。

~ 次の日 ~

クリス　やっぱりはじめさんと同じ逆さ卵はできなかったよ。

おうき　私もだよ。準備した水の量、卵を入れるタイミング、温度も確認したのにおかしいな。何がちがうのかな。

はじめ　2 人が私と同じ逆さ卵にならなかった理由が分かった気がする。　　①　　からではないかな。

問2　文中の　　①　　に入る、はじめさんと同じ水の量、同じ時間で行ったにもかかわらず、はじめさんと同じ結果にならなかった理由として考えられるものを答えなさい。

（2022 年　白鷗高等学校・附属中学校 改題）

解説　**同じように作ったはずなのに、結果がちがったのはなぜ？**

　　クリスさんとおうきさんは、はじめさんにやり方を聞き、逆さ卵（温泉卵）作りにチャレンジしました。でも、結果は 2 回とも逆さ卵にはなりませんでした。

　　実際に、逆さ卵・半熟卵を作ったことがあれば、このなぞはすぐにとけますね。逆さ卵を作るときには常温の卵を、半熟卵作りでは冷やした卵を使いました。これは、卵の温度が、湯の温度にも影響を与えるからでした。同じように、湯の温度にかかわるものはほかにないでしょうか。

　　たとえば水の量が同じであれば、**なべの直径が大きいほうが、早くお湯が冷めますね**。なべの大きさや材質によってもお湯のわく時間がちがうことを体験していると、すぐにピン！ときちゃいます。

答え

問1　実験結果から、黄身の方が白身より低い温度で固まる。
　　　逆さ卵は、黄身が固まり、白身が固まらない温度で加熱することでできる。

問2　卵の大きさがちがう、なべの材質や大きさ、形状がちがう、など。

ゴロゴロ野菜をコトコト煮込んで

具だくさんルウカレー

おうちごはんはもちろん、キャンプなどの野外炊飯でも人気のカレー。ふだん何気なく食べているカレーには、実は"理科的ポイント"がたくさんかくれています。観察眼をもって、いざカレー作りにチャレンジ！

おいしい温かさが
長つづきする理由、
わかるかな？

材料（作りやすい分量／5～6人分）

玉ねぎ … 1と1/2個（300g）

じゃがいも … 中4個（480g）

にんじん … 1と1/2本（300g）

豚こま切れ肉 … 300g

A おろしにんにく、おろししょうが
　… 各大さじ1
　カレー粉 … 大さじ1/2
　塩、こしょう … 各少々

ローリエの葉 … 1枚

カレールウ … 適量

B ケチャップ … 大さじ2
　ウスターソース … 大さじ1

あたたかいごはん … 適量

サラダ油 … 大さじ1

道具

●まな板

●包丁

●ボウル

●厚手の深なべ

●木べら

●おたま

35

具だくさんルゥカレーの作り方

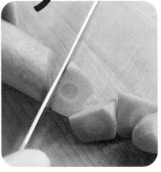

1 玉ねぎ1と1/2個は皮をむいて、1個を8等分に、1/2個を4等分に切る。にんじん1と1/2本は皮をむいて、ひと口大の乱切りにする。

2 じゃがいも中4個は皮をむいて芽をとり、1個を4等分に切って水にさらす。

3 ボウルに豚肉300gと **A**（おろしにんにく、おろししょうが各大さじ1、カレー粉大さじ1/2、塩、こしょう各少々）を入れ、もみこむ。

4 なべにサラダ油大さじ1を入れて中火で熱し、玉ねぎを加えて木べらでいためて、少ししんなりしてきたら **3** の豚肉を加えて、色が変わるまでさらにいためる。

5 にんじんを加えてさっといためたら、水1.2Lを注ぎ、ローリエ1枚も加える。

6 煮立ってきたら弱火にしてアクをとり、ふたをして弱火で5分煮る。

7 水けをきったじゃがいもを加え、さらに弱火で10分煮る。

8 一度火を止めてカレールウを入れてとかし、再び弱火にかけ、**B**（ケチャップ大さじ2、ウスターソース大さじ1）を加えて5分煮る。

9 とろみがついてきたら完成。ローリエはとって器にごはんとカレーを盛り合わせる。

比べてみよう！

サラサラ スープカレー の作り方

材料

玉ねぎ … 1と1/2個（300g）

じゃがいも … 中4個（480g）

にんじん … 1と1/2本（300g）

豚こま切れ肉 … 300g

A おろしにんにく、おろししょうが … 各大さじ1

カレー粉 … 大さじ1/2

塩、こしょう … 各少々

B ケチャップ … 大さじ4

カレー粉、ウスターソース … 各大さじ2

コンソメキューブ … 1個

塩 … 小さじ1/2

ローリエの葉 … 1枚

ルウカレーとの 材料の違いはどこだろう？

作り方

1 玉ねぎは皮をむいて1個あたり8等分に、にんじんはひと口大の乱切りにする。じゃがいもは皮をむいて4等分に切り、水にさらす。

2 豚肉に **A** をもみこむ。

3 なべにサラダ油を熱して玉ねぎをいため、しんなりしたら豚肉を加えてさらにいためる。

4 にんじん、水けをきったじゃがいもを加えて油が全体にからまるまでいためたら、水1Lと **B** を加えてふたをする。煮立ったら弱火にしてアクをとり、ふたをして15分煮て、塩（分量外）で味をととのえる。

具だくさんルゥカレーの ふしぎ解明

とろみのある料理が冷めにくいのは、「対流」が起きづらいから

液体や気体は、上下にぐるぐる移動しながら熱を伝える！

ルウカレーとスープカレーを比べると、スープカレーのほうが早く冷めます。このふしぎには「対流」がかかわっています。

なべに水を入れて火にかけると、なべ底の温まった水は、軽くなって上に上がります。上のほうの冷たい水は、温かい水より重いため、しずみます。こうしてぐるぐると液体（水など）や気体が上下移動しながら熱が伝わる仕組みが、「対流」です。液体が冷めるときにも、対流が関係しています。水面の冷めた液体が下に下がり、温かい液体を押し上げることで、全体の温度が下がっていきます。

ところが、とろみがあると液体は自由に動くことができません。対流が起こらないため、とろみのある食べ物は冷めにくい、というわけです。みそ汁は火にかけたままでもこげませんが、ルウを入れた後のカレーはかきまぜないと底がこげてしまいますね。これも、ルウのとろみで対流が起きにくいために、下が温まりすぎてしまうことが原因です。

ふしぎ解明 POINT ①

熱の伝わり方は3つ。対流、放射、伝導のちがいを理解しよう！

熱の伝わり方は、3種類。1つめは、液体や気体の温まった部分が上に行き、冷たい部分が下に下がって伝わっていく「対流」。2つめは、太陽やたき火の炎の熱さのように、はなれたところから熱が伝わる「放射」。3つめは、金属などの中を熱が通って伝わる「伝導」です。

次の文章を読んで、問いに答えなさい。

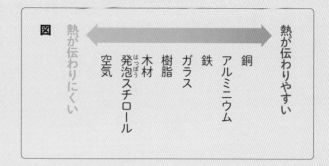

図
熱が伝わりやすい ← → 熱が伝わりにくい
銅　アルミニウム　鉄　ガラス　樹脂　木材　発泡スチロール　空気

　熱は、ものによって伝わり方が異なり、その材質によるちがいは、図のようになります。例えば、フライパンの取っ手に木や樹脂が使われている理由が、図をみるとわかると思います。

　熱の伝わり方の中のひとつに（ 1 ）があります。これは水や空気のように、流れることができるもので起こる現象です。この現象が起こる仕組みについて考えてみることにしましょう。一般に、温度が（ 2 ）くなるとともに、ものは膨張していきます。これは、同じ（ 3 ）で比べると、温度が（ 4 ）い方が軽くなることを意味します。その結果、軽いものは上へ、重いものは下へ移動していくことになります。これが（ 1 ）と呼ばれる現象です。テレビなどで伝えられる気象情報で、「上空に（ 5 ）い空気が入り込んでいるため大気の状態が不安定です」、と耳にすることがありますが、これも（ 1 ）が主な要因です。

　問　文章中の（ 1 ）～（ 5 ）に適する語をそれぞれ答えなさい。

（2020年　海城中学校）

解説　## 温かい空気は軽く、冷たい空気は重い

　フライパンやなべの材質には、金属が使われていますね。金属は熱に強いだけでなく、熱を伝えやすいという特ちょうがあります。一方、「フライパンの取っ手に木や樹脂が使われている」のは、やけどをしないようにするため。手がふれる部分には熱を伝えにくい材質を使うことで、熱くならないようにします。

　さて、問題で問われているのは、対流の仕組みです。空気や水などは、温度が高くなると体積が増えて軽くなり、上に上がります。たとえば、水はふっとうするくらいの温度になると、体積は最小のときより4％ほど増えぐっと軽くなります。
　温度によって生まれる重さのちがいで、対流が起きます。

答え｜問　（1）対流　（2）高　（3）体積　（4）高　（5）冷た

大好きなカレーを作っていると、いつのまにか物知り博士になる！

野菜を切って、肉に下味をつけて、いためて、よく煮込んで……。おいしいカレーができ上がるまでには、たくさんの工程がありますね。このひとつひとつの工程をじっくり観察するだけでも、たくさんの理科の知識が自然と身につきます。

たとえば、**野菜を切ったところをじっくり見ると、植物の造りを観察できます。**また、この本のカレーの作り方では、じゃがいもは最後に加えて煮ますが、最初に玉ねぎやにんじんと一緒にいためて煮るとどうなるでしょう？ 加熱時間が長くなるため、じゃがいもの形がくずれてしまいます。

身の回りのことをよく見て、「どうしてこうなるんだろう？」「コレとアレって実は同じじゃない？」などと考えられるようになると、理科はぐっとおもしろくなるのです。

実際に、カレーづくりの工程そのものが入学試験の内容となった例があります。問題を見てみましょう。

入試問題 次の文章を読んで、問いに答えなさい。

下の材料を使って、カレーライスを作りました。

材料 （1）玉ねぎ （2）にんじん （3）じゃがいも （4）なす （5）豚肉 （6）バター
（7）市販のカレールウ

問1 次の（ア）〜（エ）を調理する順番に並べなさい。
（ア）水を入れて煮る。
（イ）カレールウを入れて煮込む。
（ウ）野菜と肉を食べやすい大きさに切る。
（エ）バターでいためる。
（オ）ごはんの上に盛り付ける。

問2 野菜を切った包丁をそれぞれそのままにしておきました。白いものが一番多くでてくるのは、どの野菜を切った包丁ですか。**材料の（1）〜（4）**から1つ選び、記号で答えなさい。

（2008年 慶応義塾普通部）

解説

カレーを作ったことがある人ならかんたん！

問1は、カレーライスの調理工程を順番に並びかえる問題です。カレーを作ったことがある人なら、なんなくわかりますね。

問2は、野菜を切った後の包丁に着目したおもしろい問題です。これも、ふだんよくお手伝いをしている人ならば、ピンとくるはず。玉ねぎ、にんじん、じゃがいも、なすを切った後の包丁を観察すると、じゃがいもを切った包丁には白いザラザラしたものがたくさんつきます。これは、**じゃがいもにふくまれるデンプン**です。

デンプンは、小麦や米などにも多くふくまれる成分ですね。デンプンには、水を加えて加熱するとねばり気のある状態に変化する性質があります。カレールウにも小麦粉が使われていて、カレーのとろみのもとになっています。

じゃがいものデンプンがとけ出すことでも、カレーのとろみが増えます。ただ、じゃがいもは長く煮ると煮くずれし、形がわからなくなってしまうことも。じゃがいものゴロゴロ感を楽しみたいときには、煮込む時間を短くするのがポイントです。

慶應義塾普通部の入試問題では、40ページに紹介したもののほかに、玉ねぎの切り口の様子を描かせる問題なども。

ふだんの料理のお手伝いがものをいう出題ですね。

じゃがいもを水にさらすと……？

じゃがいもを水にさらした後のボウルをチェック！ 水に白いデンプンがしずんでいます。

包丁をしばらく置いておくと……？

調理中にも観察ポイントがたくさん！

包丁に白くてこまかい粉がびっしり。これもじゃがいものデンプンです。

玉ねぎを縦半分に切ったらこんな感じ

じゃあ横半分に切ったら、切り口はどうなる？

調理に使う野菜を観察すると、芽や根の出る場所、葉のつき方や種の並び方など、さまざまなことがわかります。

答え ｜ 問1 （ウ）→（エ）→（ア）→（イ）→（オ） 問2 （3）

科学って
おもしろい
コラム
VOL.1

もっと知りたい！
温度のこと

温度で変わるのは、暑さや寒さだけではありません。体積が大きくなったり
小さくなったり、ものの形が変わったり。温度の影響力はすごいのです。

水ってすごい…!!

温度の基準は水

水は 0℃でこおり、100℃でふっとうします。それは、水のこおる温度を0℃、ふっとうする温度を 100℃と天文学者が決めて、その間を 100 等分したのが「摂氏温度（℃）」だから。

水が温度の単位の基準になるなんて、いかに水が人にとって大事かがわかりますね。

マイナス 273℃まで冷やすとものが消える!?

絶対零度ってなんだ？

温度が 1℃下がると、気体の体積は0℃のときの273分の1ずつ小さくなります。理論的にはマイナス273℃になると、体積が0になって気体はなくなります。これが絶対零度です。

実際には絶対零度に達することはできませんが、今も研究が進められています。

温まりやすさのちがいが風を起こす？

海に行くと、砂浜がやけどしそうに熱くても、海水は心地いい温度であることに気づきますね。海と陸の温まりやすさのちがいは、風の向きにも影響します。昼は、陸の空気は温められて軽くなり、上昇します。そこへ流れ込むのが、海の上の冷たい空気、「海風」です。夜になると、海と陸で空気の温度が逆転。陸から海に風がふきます。

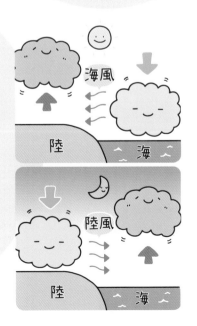

何の変てつもない
ぶどうジュースに

→

あるモノを加えると
こうなって…

さらに
あるモノを加えると
こうなる!!

バナナに
絵と文字が
浮き出した!

Thank you

ペンを使わずにメッセージを伝える方法って?

PART 2 色

野菜や果物のカラフルな色の正体は、
植物がもっている「色素」です。
色素に注目すれば、みるみるうちに色が変わったり、
時間がたつと浮き出てくるヒミツのメッセージを残せたり、
魔法のような楽しいスイーツ作りがお手のもの!

あまずっぱさがシュワっとはじける
あわもこムース

材料を加えてまぜると、みるみるうちに色が変わって、あわがもこもこ！　むらさきから青、ピンクへ、夢色カラーのグラデーションを楽しんで。ふわふわのあわを口にふくむと、舌の上でシュワッとはかなく消えていくのもすてきです。

材料（作りやすい分量）

粉糖 … 35g

重曹（食用）… 小さじ 1 と 1/4

ぶどうジュース（果汁100%）
　　… 大さじ 2 と 1/2

クエン酸（食用）… 大さじ 2/3

乾燥卵白 … 小さじ 2/3

スプリンクル、カラーシュガー、
　　アラザンなど … 好みで

道具

●直径 15 センチ以上のボウル

●ゴムべら

44

魔法みたいに
色が変わって、
ムクムクふくらむ

あわもこムースの作り方

1 ボウルに粉糖35gと重曹小さじ1と1/4を入れる。

重曹の正体は？
パッケージの「成分重量」を見てみよう！

2 ぶどうジュース大さじ2と1/2を加える。

3 ゴムベラで粉っぽさがなくなるまでまぜると、むらさき色から青色に！

4 大さじ2/3のクエン酸を加える。

クエン酸は、レモンやみかんにふくまれているすっぱい成分だよ

5 大さじ2/3の乾燥卵白を加え、よくまぜ合わせる。

乾燥卵白は、卵白を乾燥させて、粉末状にしたものでメレンゲなどにも。製菓材料店などで購入できる。

6 青からピンクへと色が変わってムクムクとあわ立ったら、器に盛り、好みでスプリンクルやアラザンなどをかざる。

あわもこムースの ふしぎ解明

ぶどうの色素・アントシアニンがピンクや青に変身する魔法！

酸性では赤、中性ではむらさき、アルカリ性では青色に変化

ぶどうジュースのむらさき色は、ぶどうの中のアントシアニンという色素によるものです。

アントシアニンは中性ではむらさき色をしていますが、酸性になると赤色やピンク色に変わり、アルカリ性が強くなるほど青、緑、黄色と色が変わっていきます。

このアントシアニンの性質を利用して作るのが、「あわもこムース」です。

まず、粉糖（中性）と重曹（アルカリ性）をまぜたものにぶどうジュース（アントシアニン）を加えると、むらさき色から青色へと色が変わりました。青色に変わったことから、重曹は弱いアルカリ性だとわかります。

そしてクエン酸（酸性）を加えると、粉がふれたところからいっしゅんにしてピンク色に変化しました。クエン酸は、レモンなどのすっぱさのもとになっている成分。ピンク色に変化したことからも、酸性であることがわかります。

ムースがもこもことふくらんだのは、クエン酸と重曹が結びついて、気体の二酸化炭素が発生したからです。

ふしぎ解明 POINT ①

「ゆかり」が卵につくとついたところが緑色になる理由！

アントシアニンは、ブルーベリーやなす、むらさきいも、赤じそなどにもふくまれています。お弁当のゆで卵に、赤じそのふりかけ「ゆかり」がつくと緑色になるのを知っていますか？　これもアントシアニンのしわざ。アルカリ性の卵の白身に反応して、色が変わるのです。

市販のホットケーキの粉に水を入れて練ったもの(生地)にムラサキイモの粉を少量入れてフライパンで焼き、ホットケーキを作りました。焼く前の生地は紫色でしたが、フライパンで焼いているうちに緑色に変化しました。不思議に思い、ホットケーキとムラサキイモについて調べてみるとつぎのようなことがわかりました。

（1）ホットケーキの粉には、小麦粉、砂糖、食塩、重曹（じゅうそう）などがふくまれている。主成分は小麦粉で生地のもとになる。重曹は炭酸水素ナトリウムとも呼ばれ、加熱すると、炭酸ナトリウムと　 A 　と水に分解される。ホットケーキがふくらむのは、　 A 　が発生するからである。炭酸ナトリウムを水に溶かして水よう液にし、赤色リトマス紙につけると青くなる。

（2）ムラサキイモには、アントシアニンという色素がふくまれている。アントシアニンはムラサキキャベツにもふくまれている。アントシアニンは、水よう液の性質により、色が変化する。

ホットケーキの色が変わった原因を考えるために、まず、ムラサキイモの粉を水にとき、加熱しました。色は紫色のままでした。次に色の変化について調べるために、同じような色の変化をするムラサキキャベツで実験をしました。ムラサキキャベツを水の入ったビーカーに入れ、加熱したところ、紫色の液が得られました（ムラサキキャベツ液）。食塩水2㎤、酢2㎤、アンモニア水2㎤、食塩水1㎤と酢1㎤を混ぜたもの、食塩水1㎤とアンモニア水1㎤を混ぜたものに、それぞれBTB液またはムラサキキャベツ液を加えたところ、つぎの表のような結果になりました。下の問いに答えなさい。

	BTB 液	ムラサキキャベツ液
食塩水	❶	紫
酢	❷	ピンク
アンモニア水	❸	緑
食塩水+酢	黄	❹
食塩水+アンモニア水	青	❺

問1　 A 　は石灰石にうすい塩酸を加えたときに発生する気体と同じ気体です。
　 A 　にあてはまる語句を答えなさい。

48

問2 表中の❶〜❸にあてはまる色を**ア〜ウ**から、❹〜❺にあてはまる色を**イ〜オ**から選び、記号で答えなさい。
ア.青 **イ**.黄 **ウ**.緑 **エ**.紫 **オ**.ピンク

問3 実験の結果から、ホットケーキが紫色から緑色に変わった原因を、「**酸性・中性・アルカリ性**」の中から必要な語を用い、**80字以内**で答えなさい。

問4 緑色になったホットケーキを小さく切り、**(a) 食塩水**、**(b) 砂糖水**、**(c) レモン汁**、**(d) アンモニア水**、**(e) 酢**の中にそれぞれ入れたときに、ホットケーキのかけらの色はどのようになりますか。つぎの**ア〜ウ**からそれぞれ選び、記号で答えなさい。
ア.ピンク色に変化する **イ**.黄色に変化する **ウ**.変化しない

(2016年 桜蔭中学校)

解説 家であわもこムースを作っていれば、わかりやすい問題！

　ポイントは、ムラサキイモの粉にふくまれるアントシアニンと、加熱によって分解される重曹の性質です。重曹が加熱されると、炭酸ナトリウムと水に分解されることは、問題に書かれています。もうひとつ発生する気体は、二酸化炭素です。
　問1の「石灰石にうすい塩酸を加えたときに発生する気体と同じ」というヒントからもわかります。炭酸ナトリウムをとかした水よう液は、「赤色リトマス紙につけると青くなる」と書かれていることから、アルカリ性であることがわかります。BTB液やムラサキキャベツ液の知識があり、問題をしっかり読めればわかるようになっています。あわもこムースを作ったことがあれば問題も落ち着いて読めますね。

答え

問1 二酸化炭素 **問2** ❶ウ ❷イ ❸ア ❹オ ❺ウ

問3 ホットケーキの粉にふくまれる重曹を加熱すると、炭酸ナトリウムと水が発生し、この水に炭酸ナトリウムがとけてアルカリ性になって、アントシアニンが緑色に変化したから。

問4 (a)ウ (b)ウ (c)ア (d)ウ (e)ア

デザインフルーツ

時間がたつとメッセージやイラストが浮かび上がってくる「バナナアート」に、真っ赤な皮と果肉とのコントラストが美しい「りんごアート」。フルーツをキャンバスにして、自由な発想でデザインしちゃおう！

バナナァート

50

郵 便 は が き

1 0 1 - 0 0 0 3

東京都千代田区一ツ橋2-4-3
光文恒産ビル2F

(株)飛鳥新社　出版部　読者カード係行

フリガナ	性別　男・女
ご氏名	年齢　　　歳

フリガナ
ご住所〒
TEL　　　（　　　）

お買い上げの書籍タイトル

ご職業　1.会社員　2.公務員　3.学生　4.自営業　5.教員　6.自由業
7.主婦　8.その他（　　　　　　　　　　　　　　　　）

お買い上げのショップ名	所在地

★ご記入いただいた個人情報は、弊社出版物の資料目的以外で使用することは
ありません。

このたびは飛鳥新社の本をお購入いただきありがとうございます。今後の出版物の参考にさせていただきますので、以下の質問にお答え下さい。ご協力よろしくお願いいたします。

■この本を最初に何でお知りになりましたか
　1.新聞広告（　　　　　　　　　　新聞）
　2.webサイトやSNSを見て（サイト名　　　　　　　　　　　　　　）
　3.新聞・雑誌の紹介記事を読んで（紙・誌名　　　　　　　　　　）
　4.TV・ラジオで　5.書店で実物を見て　6.知人にすすめられて
　7.その他（　　　　　　　　　　　　　　　　　　　　　　　　）

■この本をお買い求めになった動機は何ですか
　1.テーマに興味があったので　2.タイトルに惹かれて
　3.装丁・帯に惹かれて　4.著者に惹かれて
　5.広告・書評に惹かれて　6.その他（　　　　　　　　　　　）

■本書へのご意見・ご感想をお聞かせ下さい

■いまあなたが興味を持たれているテーマや人物をお教え下さい

※あなたのご意見・ご感想を新聞・雑誌広告や小社ホームページ・SNS上で
1.掲載してもよい　2.掲載しては困る　3.匿名ならよい

ホームページURL https://www.asukashinsha.co.jp

りんごアート

カギをにぎるのは
フルーツの中の
「色素」です

材料 (作りやすい分量)	道具
バナナ (完熟する前のきれいな黄色のもの) … 1本 りんご … 1個 レモン汁 … 小さじ2	● 竹串 (またはようじ) ● 包丁とまな板 ● 好みの抜き型 ● ボウル

バナナアートの作り方

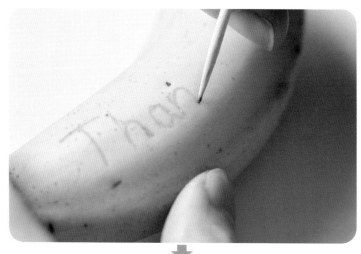

バナナの皮に
竹串やようじで
好きな絵や文字を
描く。

↓

20分後

うっすら色が
ついてきた！

↓

5時間後

竹串などで
ひっかいたところが
くっきり茶色に
色づいた！

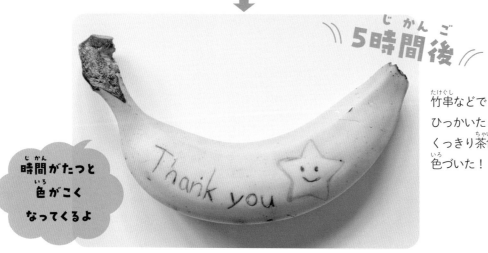

時間がたつと
色がこく
なってくるよ

りんごアートの作り方

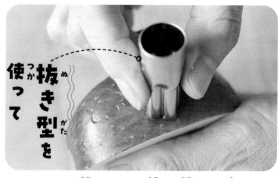

抜き型を使って

1 りんごは皮つきのまま好みの大きさに切り、抜き型をぐっと押し当て、切り込みを入れる。

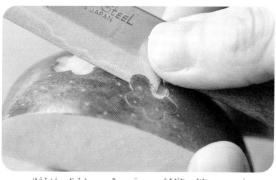

2 包丁の根元で、切り込みの内側の皮をそぎ取る。

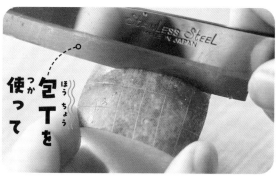

包丁を使って

1 皮つきのまま好みの大きさに切ったりんごに、好きな模様の切り込みを入れる。

2 残したい部分をさけて、包丁の根元で皮をそぎ取る。

3 水200mLにレモン汁小さじ2を加えてレモン水を作り、りんごをつけ、10分おく。

1時間後

茶色っぽく変色した！

きれいな色をキープ！

POINT

レモン水につけておいたりんごと、つけなかったりんごを比べてみよう。1時間後、変化したのはどっち？

バナナアートりんごアートの ふしぎ解明 ?

フルーツの中の色が 空気中の酸素にふれて変化！

絵や文字が出てきたのは バナナの皮が「さびた」から

古いくぎ（鉄）を見ると、表面が赤茶色っぽくなっていることがありますね。このくぎは、鉄が空気中の酸素とくっついて、さびたものです。このように物質が酸素と結びついて別の物質に変化することを「酸化」といいます。バナナアートの文字も、くぎのさびと同じ。バナナの皮をきずつけると、皮の中のポリフェノールが空気にふれて酸化し、茶色くなります。反対に、**りんごアートのポイントは酸化を防ぐこと。**

りんごをレモン水につけることでレモンのビタミンCにより酸化を防ぎ、皮をむいたときのきれいな色を保てます。

ふしぎ解明 POINT ?

いろいろな植物にふくまれる成分、ポリフェノールに注目！

バナナやりんご、ぶどうなどの果物やお茶の葉などの植物には、ポリフェノールという特別な成分がふくまれています。ポリフェノールはいろんな種類があり、植物を虫や病気から守るはたらきをします。また、私たち人間の健康にも役立つ成分として知られています。

チャレンジ 入試問題 次の会話文を読み、問いに答えなさい。

あすかさんはお姉さんのやよいさんと話をしています。

あすか あら、いつの間にか緑茶の色が変わっているよ。

やよい きゅうすでいれた緑茶はしばらく置いておくと茶色くなるね。すっかり冷えてしまったけれど、味はどうかな。

あすか	熱いときとの味のちがいはよく分からないな。でも、ペットボトルの緑茶は工場から届くまで時間がかかっているのに、売っているときは茶色くなっていないね。なぜだろう。
やよい	冷蔵庫にペットボトルの緑茶があるから見に行きましょう。ラベルの成分表示を見てごらん。ビタミンCと書いてあるでしょう。ビタミンCには、色や風味の変化を防ぐ役割があるの。

問	やよいさんは「ビタミンCには、色や風味の変化を防ぐ役割がある」と言っています。ビタミンCが色や風味の変化を防いでいる仕組みについて、あなたの考えを書きなさい。また、そのことを確かめる実験を考え、説明しなさい。答えは次の❶〜❸の順に書きなさい。説明には図や表を用いてもかまいません。

❶ ビタミンCが色や風味の変化を防いでいる仕組み

❷ ①を確かめる実験のくわしい方法

❸ 予想される結果

（2020年　小石川中等教育学校）

なぜ、ペットボトルのお茶はずっときれいな緑色なの？

栄養素のビタミンCは、酸素が大好き。ビタミンCは緑茶のポリフェノールよりも先に酸素とくっついて、ポリフェノールの酸化を防ぐのです。

この仕組みを確かめるための実験を考えるところが、この問題のユニークなポイント。緑茶がビタミンC入りの場合、ビタミンCなしの場合、ビタミンCも空気もなしの場合の3つで比べると、酸素とビタミンCの関係を確認できます。

答え	❶ 空気の成分が緑茶の成分と結び付くことで、色や風味が変わる。ビタミンCは、空気の成分と結び付くことで、緑茶の成分が変化するのを防ぐ。

❷ きゅうすでいれた緑茶を形や大きさが同じである三つのふた付きの容器に入れる。

・容器Aには容器の半分まで緑茶を入れる。ビタミンCを加え、ふたをとじる。

・容器Bには容器の半分まで緑茶を入れる。ビタミンCを加えず、ふたをとじる。

・容器Cには容器のふちぎりぎりまで緑茶を入れ、空気が入らないようにしてふたをとじる。またビタミンCは加えない。

三つの容器をしばらく置いておく。

❸ 容器A、容器Cの緑茶は色が変化しない。容器Bの緑茶は色が茶色くなる。

\\ もっと知りたい！ //

色のこと

身の回りのものには、すべて色がありますね。でも暗い場所では色のちがいは
わからなくなってしまいます。色と光のふしぎな関係とは？

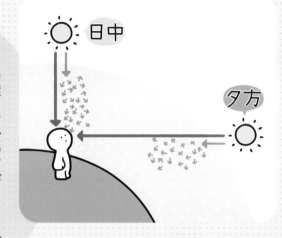

空はなぜ青い？

昼間の空が青いのは、太陽の光の中の青い光が地上にたくさんとどくから。青い光は波長が短くて、空気の中のちりやほこりにぶつかっていろんな方向に散らばります。そのため、目に入る青い光が多くなります。でも、空気中を進むきょりが長くなると、青い光は地上にとどかなくなります。赤い光は長いきょりを進めるので、夕方になると太陽の中の赤い光が多くとどき、空が赤く見えるのです。

ホースで7色のにじを作ってみよう！

雨上がりの空に、きれいなにじを見つけるとうれしくなりますね。にじは、太陽の光が水のつぶに当たって折れ曲がることで、7色にわかれて見えるものです。よく晴れた日の朝方か夕方、太陽を背にしてきりふきやホースで水をまくと、7色のにじを自分で作ることができます。太陽の白い光には、いろいろな色が入っていることがわかりますね。

黒い服を着ると暑く感じる！

太陽がギラギラと照りつける夏は、黒い服を着るとより暑く感じませんか？黒い色は光を吸収するからです。逆に白い色は光を反射します。暗い夜道では、車のライトなどを反射しやすい白っぽい服を着るほうが安心ですね。

糖度55%の
ジャムって
どういう意味?

PART

3

濃度・密度

注ぐ順番を
変えると
まざらない!

まざった!

食べ物から勝手に水分が出てくる? 勝手にきれいな層に

わかれるゼリー? おしゃれなカラフルドリンク?

濃度や密度がわかる、5つのメニューに

チャレンジしましょう!

きゅうりのカサが
減ったわけは?

白玉をゆでると
どうして浮きあがる?

ちがいは密度?

浮く! しずむ!

パリパリ

しなしな

58

手作りならではのさわやかさが格別

りんごジャム

パンやクラッカーに塗ったり、ヨーグルトにのせてもおいしいジャム。手作りしてみると、「こんなに砂糖を使うの?」とびっくりするかもしれません。実は、砂糖の役割って、あまさを足すことだけではないんです。

ジャムが
生の果物よりも
ずっと長持ち
するのはなぜ?

材料(作りやすい分量)

りんご … 1kg
砂糖 … 400 ～ 500g
レモン汁 … 大さじ4
※りんごは酸味のある「紅玉」がおすすめ。

道具

● 耐熱性の密閉ガラスびん
※ P.61 のやり方で消毒したもの。

● まな板と包丁
● 厚手のなべ
● 木べら
● 軍手
● トング

59

りんごジャム の作り方

1 りんご1kgは縦4等分に切って皮をむき、芯を取って、うす切りにする。

2 厚手のなべに **1** を入れ、砂糖400〜500gを全体にまぶしておく。

3 2時間ほどおくと、砂糖がとけ、りんごがしんなりしてくる。

4 中火にかけ、煮立ったら弱火にしてアクを取る。ふたをして、ときどきまぜながら20分ほど煮る。

5 レモン汁大さじ4を加える。

6 木べらでりんごをつぶしながら、さらに5〜10分煮る。

7 りんごがクタクタに煮えて、とろみがついたら完成。

8 できたての熱い **7** を計量カップなどに移し、煮沸消毒したびんがまだ温かいうちに、びんの9分目くらいまで入れる。びんのふちにジャムがつかないように注意して。

9 軍手をはめてふたをしめて1分待ったら、いっしゅんだけふたを軽くゆるめて空気を逃し、再びすぐにふたをしめ直す。

びんをきちんと消毒
煮沸消毒の手順

大きめのなべにガラスびんを入れ、びんが完全につかる量の水を入れ、強火にかける。

ふっとうしたら5分加熱する。ふたはトングでつかみ、5秒ほど湯につける。

乾いた清潔なふきんの上に取り出し、自然乾燥させる。

PART **3** —— 濃度・密度 ① りんごジャム

61

あまいりんごに砂糖をたくさん入れる理由は？

砂糖をたっぷり使うことでくさりにくくなる！

りんごジャムの作り方を見て、砂糖の量にビックリした人も多いのでは？

そのまま食べてもあまいりんごに、なぜこんなに砂糖が必要なのでしょうか。

1つめの理由は、くさりにくくするため。ジャムはもともと、果物を長く保存するための食品でした。

砂糖には水分をかかえこんで、なかなかはなさない性質があります。砂糖をたっぷり加えて煮ることで、砂糖が果物の水分をかかえこみます。**水分がないと、食べ物をくさらせる菌は活動できません。** ジャムには、収穫の時期が決まっている果物をムダなくおいしく食べるための昔からの知恵がつまっている、というわけですね。

身の回りの保存食には、砂糖や塩をたくさん使ったものがいくつもあります。

練りようかんもそのひとつ。常温でも1年以上保存できるので、災害時の非常食としてもおすすめされています。

ふしぎ解明 POINT ①

煮つめて水分を蒸発させるほど、糖度が高くなる

ジャム全体の重さに対する、糖分の割合のことを糖度（濃度）といいます。果物自体の糖分と、煮つめて水分を飛ばすことでも糖度が高くなります。昔のジャムは糖度65%くらいがふつうでしたが、最近は果物のおいしさをいかすため、糖度40〜55%くらいのあまさひかえめが増えています。今回のりんごジャムはりんごっぽさを感じられる低めの糖度です。

ジャムをとろりとさせる
ペクチンと砂糖、レモン汁の関係

大量の砂糖が必要な2つ目の理由は、とろりとしたジャムの形にあります。りんごジャムの材料は、りんご、砂糖、レモン汁の3つだけ。固めるためのゼラチンやかたくり粉などを加えていないのに、やわらかなジェル状になりますね。

ジャム作りでは、砂糖を加えたりんごを煮てから、レモン汁を加えてさらに煮ると、だんだんとろみがついてきました。

この変化には、**果物にふくまれるペクチンという成分が関係しています**。果物を煮ると、煮汁にペクチンがとけ出します。そこに砂糖と酸（レモン汁）を加えると、ペクチンがあみのようにからまりあってぎゅっと水分がとじこめられます。これが、とろっとやわらかな形を作るのです。

ペクチンがもっともよく固まるのは、糖分がジャム全体の65%ほどの割合になるときです。ぷるんとしっかり固まります。

ただし、あまみはかなり強くなります。自分の好みのあまさと食感に合わせて、煮つめ具合を決めるとよいでしょう。

また、ジャムを保存するときには、清潔な容器を使い、しっかり消毒することも重要です。できたて熱々のジャムをつめてから、びんの中の空気を減らすことも雑菌がふえるのを防ぐポイントです。雑菌は空気がないと活動できないからです。

水蒸気でびんの中の空気を追い出して酸化を防ぐ！

びんに湯気がのぼるジャムを入れてふたをしめると、びんの上の空間が水蒸気で満たされます。水蒸気は水の1700倍もの体積があるので、びんは内側から水蒸気で押されている状態です。

そこで軽くふたをゆるめると、水蒸気やほかの空気がにげ、びんの中は雑菌が増えづらくなり、また酸化しにくくなります。

次の会話文を読み、問いに答えなさい。

リカ子 このアヲハタの 55 ジャムって、なんで名前に 55 が入っているの？

お母さん たぶんジャムの糖度のことね。糖度とはジャムの全体の重さに対して、糖分がどれくらい含まれているかの割合よ。昔、ジャムはフルーツの保存を目的としていたから、糖度 65% 以上ととても高かったの。でもアヲハタは、世界に先がけて、フルーツ本来のおいしさを大切にしようと低糖度の 55% のジャムに挑戦して商品開発したのよ。

リカ子 ジャムって、昔はフルーツの保存が目的だったんだね。私もアヲハタさんに負けないイチゴジャムを作るぞ！

お母さん リカ子、とりあえず今はそのイチゴに砂糖をかけるだけでおしまいよ。そうすると、イチゴから水分が出てきて、煮詰める時間が短縮できるの。

リカ子 なるほど！

〜 数時間後 〜

リカ子 なんとかジャムはできたけど、ビンやキャップも煮沸して、水けを切るために乾燥させたり、手早くジャムを詰めたり、ほんと完成するまで大変！やっぱり買ったほうが楽でいい！

お母さん そもそも、あなたが調子に乗って食べられもしない量のイチゴを摘むから、こうなったんでしょ！

リカ子 た、たしかに……。今、作ったジャムも初めてキャップを開けるとき、アヲハタさんのジャムみたいに「ぽこっ」と音がするの？なんか安心な感じがするから、あの音、好きなんだよね。

お母さん うちのキャップもへこむ加工がされているから、きっと音がするはずよ。

問 1 糖度が高いと、フルーツが腐らないで保存できるようになる理由を次のア〜エから 1 つ選び、記号で答えなさい。

ア 微生物が大量の糖分を養分とするので、フルーツそのものが傷まないから。

イ 微生物に大量の糖分が入り込み、微生物が破裂してしまうから。

ウ 大量の糖分によって、微生物が閉じ込められ、移動できなくなるから。

エ 大量の糖分に水分がうばわれるので、微生物が増えることができないから。

問 2 リカ子さんは、糖度 55% のジャムを作ろうとしています。材料のイチゴ 500g に対して砂糖を 250g 用意しました。煮詰めることで何 g の水を蒸発させればよいですか、整数で答えなさい。必要があれば小数第 1 位を四捨五入すること。ただし、イチゴははじめの重さの 10% の糖分を生じるものとします。

問3 リカ子さんが作ったジャムのキャップを初めて開けるときに、「ぽこっ」と音がする理由を説明した文章の(ア)〜(エ)にあてはまる言葉を答えなさい。ただし、リカ子さんが行った作業は次の通りです。

【作業】

❶ 煮沸した後、よく乾燥させたビンを用意する。

  ビンの口より5〜10mm下の位置まで強火で加熱した熱い状態のジャムを入れる。

❷ すぐにキャップを閉めて、少しゆらして1分ほど待つ。

❸ いったんキャップをゆるめて、素早く閉めなおす。

❹ ビンに詰めたジャムを、約90℃のお湯に10分ほどつける。

❺ 約50℃のお湯に5分ほどつけ、ある程度さます。

❻ 水で1時間ほど冷却する。

❷の作業で、ジャムとキャップとの間で(ア)がふくらもうとする。また、ジャムからは多量の(イ)が発生する。❸の作業で(ア)や(イ)が追い出される。その後、冷却するとジャムとキャップの間に存在していた(イ)が(ウ)に変化する。よって、この空間が(エ)に近い状態になるため、キャップがへこむ。そして、初めて開けるときにキャップがもとに戻り、「ぽこっ」と音がする。

(2021年 渋谷教育学園渋谷中学校 改題)

解説 **糖がしめる割合から、ジャムのできあがりの重さを計算する**

問2では、煮る前の材料の重さと、ジャムにふくまれる糖分の重さから、煮つめる水分量を求めます。糖分はイチゴの10%にあたる50gと砂糖の250gで合計300g。材料の重さは、イチゴと砂糖で合わせて750g。300gの糖が全体の55%になるということは、できあがりは300 ÷ 0.55 = 545.4… → 545gです。750 − 545 = 205gが、蒸発させる水分量です。

答え | 問1 エ 問2 205g 問3 (ア)空気 (イ)水蒸気 (ウ)水 (エ)真空

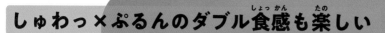

しゅわっ×ぷるんのダブル食感も楽しい

3層のフルーツ

1つのゼリー液で
3層のゼリーが
作れちゃう!

サイダーゼリー

しましま模様のゼリーを作るには、1
段ずつゼリー液を冷やし重ねていく必
要があります。でもこのレシピでは、
ミックスフルーツのゼリー液を一度に
注ぐだけ。きれいにわかれるワケは、
フルーツの比重にありました。

材料（約140mLの容器3個分）

いちご … **60〜70g**（4個）
黄桃（缶詰）… **100g**（半割り1個）
粉ゼラチン … **1袋**（5g）
砂糖 … **大さじ2**
サイダー（常温のもの）… **220mL**

道具

● ゼリー用の容器
● まな板と包丁
● 耐熱ボウル
● 竹串やようじ
● ゴムべら
● おたま
● ラップ

フルーツゼリーの作り方

1 いちご4個はへたをとって1センチ角に、黄桃半割り1個は水けをペーパーでふいて1センチ角に切り、ボウルやまな板の上などでまぜておく。

2 耐熱ボウルに大さじ2の水を入れ、粉ゼラチン1袋をふり入れ、竹串やようじでまぜて5分ほどおき、ふやかす。

3 2を電子レンジ（600W）で10秒加熱してとかし、砂糖大さじ2を加えてまぜ合わせる。

4 3にサイダー220mLを少しずつ加えてまぜる。冷たいサイダーだとダマができたり、あわが出すぎてしまうので、必ず常温のものを。冷たい場合は、10秒ずつ様子を見ながら電子レンジで加熱し、人肌より少しぬるめに。

5 あわが多いと感じたら、少しおいてあわが落ち着くのを待つ。ダマができてしまったときは、10秒ずつ様子を見ながら電子レンジで加熱する。

6 5のゼリー液をおたまなどでゼリー用容器の6分目くらいまで注ぐ。

7 1を等分に入れる。

8 竹串でまぜる。

9 表面の余分なあわをスプーンなどで取り、ぴったりとラップをして、冷蔵庫で1時間以上冷やし固める。

\\ できた！//

ぷるん！

いちごが浮いて黄桃がしずむのは、「浮力」のちがい！

液体にとって固体はじゃまもの、追い出し作戦がくり広げられる

とつ然ですが、質問です。「家に帰ると、知らない人があなたの部屋でねていました。**A.**追い出す、**B.**そのままにする、どっち？」。知らない人がベッドを勝手に使っていたら、ふつうは追い出したくなりますね。同じようなことが、この「フルーツサイダーゼリー」でも起きています。

ゼリー液は、急に入ってきた果物を追い出そうと押しのけます。一方、果物も追い出されないようにと液体を押しのけます。戦いの結果、いちごは軽いのでゼリー液に負けて浮き上がり、黄桃は重いので勝ってグラスの底へとしずみます。

液体や気体の中にある物体が受ける上向きの力を、「浮力」といいます。

浮力は、物体が押しのけた液体や気体の重さと同じ大きさになります。同じ体積で重さを比べたとき、周りの液体や気体よりも物体のほうが軽ければ浮力によって浮き、重ければしずむのです。

同じ大きさ・形でも、比重の小さなものは浮き、比重の大きなものはしずむ。つまり、果物のいちごは浮くけれど、いちご型の金属はしずんでしまう。

ふしぎ解明 POINT

プールに入ると体が軽く感じるのも浮力のはたらき

水の中では体が軽く感じますね。これは、水が私たちの体を支えてくれているから。胸くらいまで水につかると、体重は陸上の3分の1くらいになっています。

また、ビート板を水面に浮かべてつかまると、いくら体重をかけても水に押しもどされますね。プールやおふろで、物体を押しのける水の力＝浮力を体感してみましょう。

次の実験について、下の問いに答えなさい。

[実験 トマトの甘さを見分ける]

操作1 3種類のミニトマト（A、B、C）を、それぞれヘタをとって水の入ったビーカーに入れた。すると、ミニトマトAが浮いてきたため、それを取り出した。

操作2 操作1のビーカーに砂糖を大さじ1杯加え、よく混ぜた。すると、ミニトマトBが浮いてきたため、それを取り出した。ビーカーにはミニトマトCが残った。

操作3 3種類のミニトマトを食べ比べ、どれが一番甘いかを確かめた。

考察1 水に浮くか沈むかは、（ ① ）によって決まる。

考察2 トマトや果物が甘いのは、果糖やショ糖といった（ ② ）が多く含まれているからである。

考察3 水に砂糖を加えてミニトマトBが浮かんできたのは、ミニトマトBの（ ① ）が水よりも（ ③ ）、砂糖水よりも（ ④ ）からである。

問1 （ ① ）にあてはまるものを、次の**ア～エ**から1つ選びなさい。
ア.体積 **イ**.重さ **ウ**.比重 **エ**.表面積

問2 （ ② ）にあてはまるものを、次の**ア～エ**から1つ選びなさい。
ア.ビタミン **イ**.タンパク質 **ウ**.しぼう **エ**.炭水化物

問3 （ ③ ）、（ ④ ）にあてはまる語として適するものを、次の**ア～エ**から1つ選びなさい。
ア.③：大きく ④：大きい **イ**.③：大きく ④：小さい
ウ.③：小さく ④：大きい **エ**.③：小さく ④：小さい

問4 3種類のミニトマトのなかで最も甘かったものはどれですか、**A～C**の記号で答えなさい。

（2023年 巣鴨中学校）

解説 ## 食べずにミニトマトの糖度を見分ける方法

水と比べたときの重さを、比重といいます。水は1cm³あたり1g。1cm³あたりの重さが1gより軽ければ水に浮き、重ければしずみます。トマトのあまさを決めるのは、果肉にふくまれるあまみ成分の量、糖度です。糖度が高いトマトほど重く、比重は大きくなります。実験の結果から、Cは砂糖水よりも比重が大きく、もっとも糖度が高いことがわかります。

答え 問1 ウ 問2 エ

問3 イ 問4 C

いつものジュースが、パパッとおしゃれに変身！

レイヤードリンク

セパレートジュース

メロンソーダ

グラスの中に見えない仕切りがあるみたい？ 液体同士なのに、まざらず くっきり層ができるレイヤードリンクは、写真映えもばつぐん！ 好みの ジュースやお茶で、思い思いのレイヤードリンクを作ってみましょう。

ストロベリー カルピスティー

液体の「密度」を コントロールして まざるのを防ぐ！

道具

● **グラス**（約 200mL）

73

レイヤードリンクの作り方

セパレートジュース

材料（1人分）

ぶどうジュース … 30mL

シロップ … 大さじ1

オレンジジュース … 60mL

氷 … 適量

シロップは、耐熱ボウルに水、砂糖各50gを入れ、電子レンジ（600W）で30秒加熱してとかしたもの。市販のガムシロップでもOK。

1 グラスにぶどうジュースとシロップをまぜ合わせる。

2 氷をグラスいっぱいに入れ、静かにオレンジジュースを注ぐ。

メロンソーダ

材料（1人分）

メロンシロップ（かき氷用）… 40mL

ソーダ（無糖の炭酸水）

… 60mL ~（適量）

さくらんぼ（缶詰）… 好みで

氷 … 適量

1 グラスにメロンシロップを入れ、氷をグラスいっぱいに入れる。

2 静かにソーダを注ぎ、好みでさくらんぼを飾る。

ストロベリー カルピスティー

材料 (1人分)

いちごシロップ（かき氷用）… 30mL

カルピス … 30mL

紅茶（無糖）… 40mL ～ （適量）

氷 … 適量

ミントの葉 … 好みで

1 グラスにいちごシロップを入れ、氷を
グラスいっぱいに入れる

2 カルピスを静かに注ぐ。

3 同様に紅茶も静かに注ぎ、好みでミン
トの葉をかざる。

\ POINT /

2つの液体がまざらないように
するためには、注ぎ方やグラス選
びもポイント！

1 氷はグラスのふちギリギ
リまで入れ、2層目以降の
液体は氷を伝うように静か
に注ぐ。

2 口がせまくて細長いグラス
を選ぶと、上から注いだ液
体がまざりにくく、きれい
な層になる。

アレンジアイデア

シロップを入れると下にしずむ！

P.74の逆で、オレンジジュー
スが下、ぶどうジュースが上
になるジュースを作るにはど
うしたらいい？ 3層、4層
はできるかな？ どれも下に
したいジュースにシロップを
入れると作れます！

レイヤードリンク の ふしぎ解明

ドリンクのこさのちがいで2層にわかれるんです！

いろいろなものがとけているほど、密度が大きい

水が入ったグラスにジュースを注ぐと、だんだん水とまざるから2層にはなりませんね。でも、注ぎ方を工夫すれば、液体をまぜずに重ねることが可能です。

1つ目の工夫は、液体をグラスに注ぐ順番です。必ず、密度の大きいものを先に、小さいものを後から注ぐのが鉄則です。

密度とは、1㎤あたりの重さのこと。同じ量の水と（水にシロップを入れた）砂糖水を例に考えてみましょう。水のコップに入っているのは、水の分子だけ。一方、砂糖水のコップには水に砂糖の分子も入っているため、水だけのコップよりもぎゅうぎゅうづめですね。このぎゅうぎゅう度合いが、密度の大きさ。砂糖水のほうが水よりも密度が大きく、同じ体積でも重いのです。2つ目の工夫は、そーっと注ぐことです。ジュースが氷に伝うように静かに注ぐことで、密度の大きい液体に小さい液体をのせて、層を作るのです。

ふしぎ解明 POINT

たまには大人向け！見た目も楽しいオリジナルカフェオレを作ろう

密度に注目すると、いろいろなレイヤードリンクが作れます。たとえばアイスカフェオレなら、まず牛乳と氷をグラスに入れてから、そっとコーヒーを注いでみて。牛乳のほうが密度が大きいので、コーヒーより下になるのです。

カフェみたいなおしゃれな1杯のできあがり！

以下の文章を読み、問いに答えなさい。

水の中にものを入れると、浮くものと沈むものがあります。水より軽いものは浮き、重いものは沈みますが、ここで言う「軽い」と「重い」は、単純な重さではなく、同じ体積で比べたときの重さのことを指しています。ここでは同じ体積（1㎤）あたりの重さを「密度」と呼ぶことにします。密度の大小を比べることで、浮くか沈むかがわかります。

問1 液体に液体を入れる場合は、注ぎ方に注意すれば、密度の大小で上下2つの層に分かれるようすが観察されます。例えば、茶色い色のついたコーヒーシュガーを溶けるだけ溶かした砂糖水を作って、それと同じ体積、同じ温度の水とともにビーカーに入れると、しばらくの間は2つの層に分かれているようすが観察できます。このようすを観察するためには、どのような注ぎ方をするとよいですか。次の**ア〜エ**から適切なものを1つ選び、記号で答えなさい。ただし、「静かに注ぐ」とは、図のようにガラス棒をつたわらせてゆっくり注ぐことを指します。

ア. 水を先にすべて注いでから、砂糖水を静かに注ぐ。

イ. 砂糖水を先にすべて注いでから、水を静かに注ぐ。

ウ. 水から先に、水と砂糖水を少しずつ、交互に静かに注ぐ。

エ. 砂糖水から先に、水と砂糖水を少しずつ、交互に静かに注ぐ。

問2 2つの同じコップに、それぞれ200mLの水とオレンジジュース（ともに15℃）を入れ、それぞれに同じ大きさ、形状の氷を浮かべました。

このとき、水とオレンジジュースのどちらに入れた氷がはやくとけますか。氷のまわりにできた、とけたばかりの水の層がその後どのように動くかに注目して、そのようになる理由とともに答えなさい。

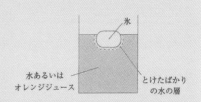

（2020年 駒場東邦中学校）

解説 ## 密度、温度による体積の変化、対流などの理解を総動員！

とけたばかりの水は15℃の水より密度が大きいので、下に沈んで対流が起こります。一方でオレンジジュースはとけたばかりの水より密度が大きく、対流が起こらずなかなか全体が冷えません。ふだんの生活でこういうことに気づくと、正解に近づくヒントになります。

答え | **問1** イ **問2** **氷がはやくとける液体**：水 **理由**：とけたばかりの水は、15℃の水が入ったコップではしずんで下に移動するのに対し、オレンジジュースの入ったコップではうかんで氷の周辺にとどまる。そのため、水に氷をうかべた場合のほうが、氷の周囲の液体の温度が高くなり、早く氷がとける。

ショートケーキ風 いちご白玉

水の代わりに、いちごの果汁だけで練った桃色の白玉。フレッシュないちごの香りがギュッとつまった、ぜいたくな味わいです。ホイップクリームやいちごを飾れば、おめかしおやつの完成！

材料（4人分）

白玉粉 … **100g**

いちご … **100g**（7個くらい）

いちご（かざり用）、**コンデンスミルク、ホイップクリーム** … **各適量**

道具

- **ボウル**
- **フォーク**
- **バット、または大きめの平皿**
- **なべ**
- **あみじゃくし**
- **ラップ**
- **フォーク**

だんごを
ゆでると浮かんでくる
理由を知ってる？

ショートケーキ風いちご白玉の作り方

1 いちご100gはへたを取ってボウルに入れ、フォークでこまかくつぶす。

2 別のボウルに白玉粉100gを入れ、**1**を3回にわけて加え、そのつど指先で白玉粉をつぶすようにまぜる。

3 なめらかにまざり、耳たぶくらいのやわらかさになったら生地の完成。

| POINT |

白玉粉の原料はもち米。もち米を水といっしょにすりつぶし、水にしずんだ粉を乾燥させたもの。

4 生地を20等分（1個10gくらい）にちぎり、手でころころと丸める。生地がくっつかないように、ラップをしいたバットや皿におく。

5 真ん中を人差し指で軽く押して、くぼませる。くぼませると、中心まで火が通りやすくなり、ゆであがりが均一に。後からかけるコンデンスミルクがからみやすくなる効果も。

ぷかーん！

6 なべにたっぷりの湯をわかし、**5**の約半量を1つずつ入れて中火でゆでる。※一気に全量をゆでると多すぎて、なべにくっつきやすいため。

7 浮き上がってきたらさらに1〜2分ゆでる。

8 あみじゃくしですくい、水をはったボウルに入れる。残りのだんごも同様にゆでて、水にとる。

できた！ ☺

9

器に盛り、切ったいちご、ホイップクリームをかざり、コンデンスミルクをかける。

ショートケーキ風 いちご白玉の ふしぎ解明

だんごをゆでると 浮いてくるのはなーぜ？

だんご生地の水分が温められて 水蒸気に変わると……

なぜ、白玉のゆではじめはしずんでいるのに、ゆで上がりが近づくと浮かんでくるのでしょうか？

このだんごは、白玉粉と水分をまぜ合わせて作ります。まぜていくと、白玉粉のデンプンと水が結びついて、やわらかなねん土状になりました。

丸めて湯に入れると、だんごの生地は水より密度が大きいので、最初はなべの底にしずみます。

しかし、だんごの中の水分が熱せられて、次第に水蒸気になるとだんごはふくらんでいきます。重さが変わらないまま、体積が増えたということは？ そう、デンプンと水分がギュッとつまっていただんごの生地に少しよゆうができて、ぎゅうぎゅう度（密度）が下がった、と考えられます。

だんごがゆでると浮き上がるのは、ゆでている間にふくらんで、水よりも密度が小さくなるから、ということですね。

ふしぎ解明 POINT ①

だんごが浮いてからも さらに1〜2分 ゆでつづける理由

水は100℃で水蒸気に変わります。だんごが浮き上がったということは、生地の中が100℃になった、ということでもありますね。ただ、熱はだんごの表面から中心へと伝わるので、浮いてきた直後は中心に十分に火が通っていない可能性も。中までしっかり加熱するため、浮かび上がってからも1〜2分ゆでるのです。

ゆで上がった白玉を
冷やすとおいしいワケ

　ゆでた白玉を水にとって冷やすと、さっきまでお湯に浮かんでいただんごがボウルの底へとしずみましたね。

　これは、**生地の中の水蒸気が冷やされて水にもどり、ふくらんでいた生地ももとの大きさにもどった**からです。

　するとだんごは水よりも密度が大きくなったため、最初に湯に入れたときのようにしずんだのです。

　ところで、なぜ白玉はゆで立ての熱々ではなく、冷やして食べることが多いのでしょうか。

　試しに、ゆで立てと冷やしただんごを食べ比べてみましょう。ずいぶんと食感がちがうことに気づくはずです。

　まず、湯から取り出しただんごを、やけどしないようわずかに冷ましてからパクリと食べてみます。ふわふわとしていて、ちょっぴりたよりない食感でしょう。**温かい生地の中にまだたくさんの水蒸気があって、生地の密度が小さい**からです。

　つづいて、水でしっかり冷やした白玉を食べてみると、もちもちとしてコシがありますね。水蒸気が水になったことで、生地がキュッとしまったことが食感からもわかります。

　もち米から作る白玉粉は、もっちりしたねばりとつるんとした食感が持ち味ですから、冷やして食べることが多いのです。

まぜる食材で
白玉の浮き方が
変わる?

　この本では、いちごを加えて生地を作りましたが、ほかの食材を使うとどうなるでしょう? たとえば白玉粉と水で作るプレーン白玉や、まっ茶パウダーをまぜるまっ茶白玉、かぼちゃペーストをまぜたかぼちゃ白玉などで比べてみましょう。まぜる食材の密度によって、浮かび上がる早さがちがうことが観察できます。

入試問題 次の文を読んで、問いに答えなさい。

図1は、「ガリレオ温度計」を表したものです。この温度計の容器は円筒形で、その中には透明な液体が入っています。水と比べて、この透明な液体には、温度が高くなると膨張しやすく、低くなると収縮しやすいという特徴があります。その液体の中には、同じ大きさのガラスの球体がいくつかあり、数字が書かれた札がぶら下がっています。また、それぞれの球体の中にも少量の液体が入っています。球体には、浮かんでいるものと沈んでいるものがありますが、浮かんでいる球体の中で一番下の球体にぶら下がっている札に書かれた数字が、そのときの温度の目安です。ただし、図1では24℃の札にしか数字が書かれていません。また、温度が変化しても、球体の大きさはほとんど変わりません。

問 1 光君は、円筒形の容器を温めることで、透明な液体の中で浮かんでいるガラスの球体が沈み出すことがわかりました。温めることでガラスの球体が沈み出す理由を「浮力」、「密度」、「体積」の3つの言葉を使って答えなさい。

円筒形の容器

問 2 ガラスの球体の重さには、「ガリレオ温度計」が温度計としての役割を果たすための工夫がされています。その工夫として最も適したものを、次の **(ア)〜(オ)** の中から1つ選び、記号で答えなさい。ただし、ガラスの球体の重さとは、球体の中に入っている液体の重さ、数字が書かれた札の重さ、ガラスの重さの合計であるとします。

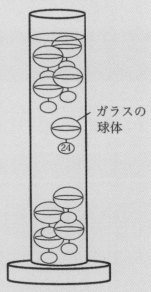

ガラスの球体

(ア) ガラスの球体は、どれも同じ重さである。

(イ) ガラスの球体は、札に書かれた数字が大きいものほど重い。

(ウ) ガラスの球体は、札が書かれた数字が小さいものほど重い。

(エ) ガラスの球体は、札に書かれた数字が最も大きいものと最も小さいものが最も重い。

(オ) ガラスの球体は、札に書かれた数字が最も大きいものと最も小さいものが最も軽い。

図1

問 3 「ガリレオ温度計」は液体の浮力を利用したものですが、浮力は液体だけではなく、空気のような気体からも受けます。空気の浮力を利用して浮かぶものの例を1つ答えなさい。

(2016年　聖光学院中学校　改題)

液体の体積が変化することで、ガラスの球体が浮きしずみする

「ガリレオ温度計」は、液体の体積が変わることで、中に入れた球体が浮いたり、しずんだりする仕組みです。

ガリレオ温度計の中の透明な液体は「温度が高くなると膨張しやすく、低くなると収縮しやすいという特ちょう」があると書かれていますね。膨張するということは、体積が増えて密度が小さくなるということ

です。

密度が小さくなると、液体がものを押しのける力＝浮力も小さくなります。ガラスの球体の密度と体積は変わらないため、液体の密度より大きいものはしずんでいきます。つまり、しずまずに浮きつづけるものほど、札に書かれた数字が大きいということになります。

答え	問1	透明な液体の体積が大きくなり、密度が小さくなるため、ガラスの球体にはたらく浮力が小さくなるから。	問2 ウ 問3 熱気球

熱気球がたくさんの人を乗せて飛べるわけ

「空気の浮力を利用して浮かぶもの」といえば、真っ先に思い浮かぶのが熱気球でしょう。

熱気球では、大きな風船のような気球の下でガスバーナーを燃やし、気球の中の空気を温めて浮力を作り出します。

温められた空気は密度が小さくなり、軽くなるため上昇します。これにより、大きな熱気球が空を飛べるのです。

熱気球は、ゴンドラや乗客の重さも加えると300kg以上にもなることがあります。それだけの重さを持ち上げて高く飛ぶことができるなんて、仕組みがわかってもやっぱりふしぎに感じますね。

きゅうりの余分な
水けをしぼるのが
ポイント！

見た目はケーキ！ ちょっとしたパーティーにピッタリ

カラフルケーキずし

カラフルな具材をサンドした、お祝いごとにもぴったりのおすしです。理科的ポイントは、一番上にしきつめたきゅうり。生ではシャキシャキ、パリッとしているはずのきゅうりが、火も通していないのにしんなりしています。理由は、あの調味料？

🗨 材料 （4人分／牛乳パック1個分）

米 … 2合

A 酢 … 大さじ3
 │ 砂糖 … 大さじ2
 │ 塩 … 小さじ1

きゅうり … 1と1/2〜2本

塩 … 少々 （きゅうりの重さの1〜2％）

卵 … 2個

B 砂糖 … 大さじ2/3
 │ 水 … 大さじ1
 │ 塩 … 少々

スモークサーモン … 100g

うずら卵の水煮 … 2個

プロセスチーズ … 適量

🗨 道具

● ボウル　　● まな板と包丁
● フライパン　● 菜ばし
● 牛乳パック （下の方法で型を作っておく）
● 輪ゴム　　● 好みの抜き型
● しゃもじ　　● ラップ

牛乳パックの型の作り方

1
きれいに洗った牛乳パックの口を開き、口部分に2カ所切り込みを入れ、側面を1面切り取る。

2
口を折りたたんでテープでとめ、直方体の箱型にし、外にはみ出るようにラップを内側にしきつめる。

カラフル ケーキずし の作り方

1 **A**（酢大さじ３、砂糖大さじ２、塩小さじ１）をまぜ合わせる。

2 米２合は洗ってすしめし用に固めに炊いて、ボウルに入れ、熱いうちに **1** を加え、しゃもじでさっくりとまぜる。

3 きゅうり１と1/2〜２本はへたを取って、うすい輪切りにし、塩少々を全体にまぜて５分おく。

4 きゅうりの表面に水分が出てしんなりしてきたら、両手でぎゅっとにぎって水けをしぼる。

5 フライパンに卵２個を割り入れ、**B**（砂糖大さじ 2/3、水大さじ１、塩少々）を加えて、よくまぜる。

6 中火にかけ、菜ばしでかきまぜながらやわらかめに火を通して、別の器にうつす。

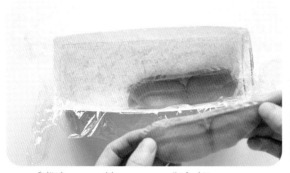

7 牛乳パックの型に **2** の1/3量を平らにつめ、かざり用の4枚ほどを残してスモークサーモンを全体にしく。すしめしはゴムべらやしゃもじで入れると、すみまできっちり入る。

8 **2** の残りの半分を平らにしきつめ、**6** の炒り卵を全体にのせる。

9 残りのすしめしをしきつめ、上からきゅうりを全体にのせる。

10 切り取っておいたパックの側面をふたにし、上からぎゅっと押し、輪ゴムで固定して30分ほどおく。

11 型からはずし、お皿にのせる。

12 かざり用のスモークサーモンははしから巻いて花に見立てる。チーズは好みの抜き型で抜く。うずら卵は半分に切り、**11** の上にかざる。

カラフルケーキずしの ふしぎ解明

「浸透圧」によって きゅうりの水分が外に出てくる!

きゅうりがしなっとするからおいしい!

塩をかけてしばらくおいたきゅうりをギュッとしぼると、「こんなに少なくなっちゃった!」とビックリするほど量が減りますね。生のきゅうりはたっぷりの水分をふくんでいて、その水分量は（きゅうりの成分の）約95％。水けをしぼると、すっかり減ってしまうのもうなずけます。

野菜に塩をかけると、野菜がもっている水分が外へとしみ出します。これは「浸透圧」によるものです。

浸透圧とは、溶液の濃度のちがいをなくそうとする力のことです。

うす切りにしたきゅうりに塩をかけると、きゅうりの表面の水に塩がとけて塩水ができます。きゅうりの内部の水分と外側の塩水では、外側の塩水のほうが濃度が高い状態です。「どっちかだけこいのはイヤだ、同じこさにしたい!」というのが浸透圧。塩水をうすめようとして、きゅうりからどんどん水分が外へ出ていき、しなっとします。

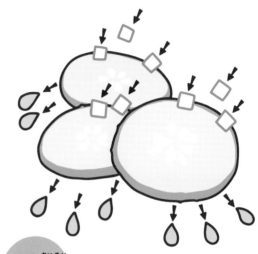

ふしぎ解明 POINT

植物の細胞の「半透膜」ってなーんだ?

きゅうりなどの植物の中に、細胞と呼ばれる小さな部屋がたくさんあります。これらの細胞は、特別な膜でおおわれていて、この膜は小さな水の分子は通すけれど、大きな塩の分子は通しません。このような膜を「半透膜」といいます。半透膜が2つのちがう濃度の液体を仕切ると、同じ濃度になるまで水の分子がうすいほうからこいほうへ移動します。

90

水溶液を用いた実験についての文を読み、問いに答えなさい。

すべてのものは、それぞれ性質や大きさが決まった、直径1億分の1cm〜100万分の1cm位の小さな粒が集まってできています。砂糖を水に溶かすと砂糖をつくっている粒がばらばらになって、水の粒の間に入り込んでいくため、砂糖は見えなくなってしまいます。セロハン膜には小さな穴がいくつもあいていて、水をつくる粒はこの穴より小さく、砂糖をつくる粒はこの穴より大きいことがわかっています。

図のように、U字型のガラス管の真ん中をセロハン膜で仕切り、左右にそれぞれ同じ体積の砂糖水（**A液**）とA液を水で2〜3倍にうすめた液（**B液**）を入れ、しばらくすると水面の高さに差が出ました。この結果から、濃さの差が（　**ア**　）なるように（　**イ**　）水溶液から（　**ウ**　）水溶液に、（　**エ**　）が移動したことがわかります。このように、セロハンのような小さな穴のあいた膜で、濃さのちがういろいろな水溶液を仕切っておくと、この実験と同じようなことがおこります。

問1 上の文の（　**ア**　）〜（　**エ**　）に適する言葉を下から選び、番号で答えなさい。
① 大きく　② 小さく　③ こい　④ うすい　⑤ 水　⑥ 砂糖　⑦ 砂糖と水

生物のからだをつくるさまざまな部分は、セロハンと同じようなはたらきのある膜でつつまれています。上の実験で確かめられたことは、私たちの日常生活のいろいろなところで見られます。

問2 水で洗ったキュウリを塩漬けにして時間がたつと、どのような変化がおこるか、20字以内で説明しなさい。
（2017年　雙葉中学校）

解説　セロハンを使って、浸透圧のしくみを実験！

　　セロハン膜は、きゅうりの細胞をおおっている膜と同じく、半透膜の性質をもっています。**A液**と**B液**では、**A液**のほうがこいため、こさを同じにしようとして浸透圧がはたらきます。**B液**から、セロハンの小さな穴を通って水がどんどん**A液**側に移動するため、図のように**A液**の水面が高くなるのです。

答え　　問1　ア② イ④ ウ③ エ⑤　問2　キュウリの中の水分が外に出てきてしぼむ。

\ もっと知りたい！ /

濃度・密度のこと

キッチンやおふろは、密度などのおもしろさを体感するのに最高の場所！
身近なふしぎをもっと探究してみましょう。

水にシロップをとかすと
見えるモヤモヤ……

どんなふうに動く？

コーヒーや紅茶などにガムシロップを入れると、シロップがモヤモヤして見えますね。シロップは密度が大きいため、下にしずんでいきます。しかし、しばらくするとモヤモヤは消えてしまいます。シロップと液体がまざって、こさが均一になるからです。

浮く野菜、しずむ野菜

水に浮くか、しずむかは、重さではなく、比重によって決まりますね。たとえば丸ごとのかぼちゃは大きくて重いですが、水に入れると浮かびます。
土の上にできる野菜は水より比重が小さくて浮き、土の中で育つ野菜は比重が大きくてしずむ、といわれています。

おふろで発見！

アルキメデスの原理

古代ギリシャの科学者・アルキメデスは、ふろのお湯があふれたのを見て、「押し出された湯は自分の体と同じ体積である」と気づいた、というエピソードが知られています。「液体の中の物体にはたらく浮力は、物体が押しのけた液体の重さと等しい」という浮力の原理は、彼の名にちなみ、「アルキメデスの原理」と呼ばれます。

対決！
どっちが
あまい？

オーブンで1時間焼いた

電子レンジで10分加熱した

PART 4 ─ 酵素

栄養を分解し、消化しやすくしてくれる消化酵素。
私たちの体内でも、また植物の中でも、
さまざまな種類の酵素が活躍しています。
酵素のパワーを舌で実感できるレシピを
ご紹介します。

しょうげきニュース

おはしで
切れちゃう
ステーキ？

94

オーブンにおまかせ！ 砂糖なしで極上おやつ

丸ごと スイートポテト

ほっくりあまい冬の風物詩といえば、石焼きいも。石焼きいもがあんなにもあまいのは、温めた石の上でじっくり時間をかけて加熱するからです。おうちでも石焼きいものおいしさを再現する簡単な方法を伝授します。

さつまいものあまさをしっかり引き出す焼き方、教えます

材料（作りやすい分量）

さつまいも
（250 ～ 300g くらいのもの）… **2本**

バター … **適量**

シナモンパウダー … **好みで**

道具

● **竹串**

● **包丁とまな板**

丸ごとスイートポテトの作り方

1 さつまいも2本は皮ごとよく洗い、天パンに並べる。

2 140℃に予熱したオーブンで約1時間加熱する。竹串がすっと通れば焼き上がり。かたい場合は、様子を見ながらさらに加熱する。

| POINT |

さつまいもの内部が65〜75℃くらいになるとやわらかくなりはじめ、アミラーゼがはたらきやすくなります。

3 5センチの厚さに切って皿に盛り、バターをのせ、好みでシナモンパウダーをふる。

丸ごとスイートポテトのふしぎ解明

砂糖ゼロであまくてヘルシー！その秘密は？

消化酵素を長ーくはたらかせてあまさをアップ

さつまいもには、アミラーゼという消化酵素がふくまれています。消化酵素は、食べ物を小さく分解して、人の体に使えるようにしてくれます。アミラーゼは、さつまいもなど食べ物の中のデンプンを切って分解して、糖分に変えることができます。

でも、生のさつまいもの中では、アミラーゼははたらきません。さつまいものアミラーゼが元気に動き出すのは、さつまいもの内部が温かくなってきたとき。60〜75℃くらいでよくはたらきます。

アミラーゼがたくさんはたらくと、さつまいもの中のデンプンがこまかく分解され、あまみの強い糖に変わります。140℃の（オーブンとしては）低温でさつまいもを焼くと、さつまいものアミラーゼがよくはたらく温度の時間を長くすることができます。これにより、さつまいもがよりあまくておいしくなるのです。アミラーゼは、だいこんやかぼちゃ、じゃがいも、にんじんなど、いろんな食べ物にもあります。

ふしぎ解明 POINT

レンチンさつまいもとオーブンのさつまいものあまさ対決！

アミラーゼは長時間はたらかせる必要があります。だから、電子レンジで数分加熱しただけではあまさはアップしづらいのです。オーブンで加熱したさつまいもと比べてみてください。

ちなみにだ液にふくまれるアミラーゼは37℃前後でよくはたらきます。ごはんをよくかむとあまくなるのはこのためです。

太郎君は、だ液の働きをくわしく調べるために、だ液、デンプン液、ヨウ素液を用いて実験をしました。
実験に用いただ液は、口に水をふくみ、コップに取り出したものです。
デンプン液は、ごはんつぶを水とともにすりつぶして、ろ過した液をうすめたもので、ほぼ無色透明です。
ヨウ素液は、デンプンが分解されたかどうかを調べるために用います。

[実験1] デンプン液 20mL に水を 1mL 加え、25℃で 10 分間おいた。
その後すぐに、ヨウ素液を 1 滴加えたところ、青紫色になった。

[実験2] デンプン液 20mL に、だ液を 1mL 加え、25℃で 10 分間おいた。
その後すぐにヨウ素液を 1 滴加えたところ、うすい茶色になった。

[実験3] デンプン液 20mL に、水を 1mL 加え、90℃で 10 分間おいた。
その後すぐにヨウ素液を 1 滴加えたところ、ほぼ無色透明になった。

[実験4] デンプン液 20mL に、だ液を 1mL 加え、90℃で 10 分間おいた。
その後すぐにヨウ素液を 1 滴加えたところ、ほぼ無色透明になった。

問1 **実験1**と**実験2**の結果から正しいとわかるものを次のア～エの中から 1 つ選び、記号で答えなさい。

ア デンプンは、25℃において、水を加えると分解される。

イ デンプンは、25℃において、水を加えなくても分解される。

ウ デンプンは、25℃において、だ液を加えると分解される。

エ デンプンは、25℃において、だ液を加えなくても分解される。

問2 太郎君は、**実験1～4**の実験結果を説明するために、説1を考えました。説1が正しくないことを示すにはどのような実験をして、どのような結果が得られればいいですか。もっとも適当なものを次のア～エの中から 1 つ選び、記号で答えなさい。

[説1] デンプンは、90℃において、だ液を加えなくても分解される。

ア デンプン液 20mL に、水を 1mL 加え、90℃で 10 分間おく。
その後、25℃に冷えるのをまってから、ヨウ素液を 1 滴加えると、ほぼ無色透明になる。

イ デンプン液 20mL に、水を 1mL 加え、90℃で 10 分間おく。
その後、25℃に冷えるのをまってから、ヨウ素液を 1 滴加えると、青紫色になる。

ウ デンプン液 20mL に、だ液を 1mL 加え、90℃で 10 分間おく。
その後、25℃に冷えるのをまってから、ヨウ素液を 1 滴加えると、ほぼ無色透明になる。

エ デンプン液 20mL に、だ液を 1mL 加え、90℃で 10 分間おく。
その後、25℃に冷えるのをまってから、ヨウ素液を 1 滴加えると、青紫色になる。

問3 太郎君は**説1**が正しくなかったので、**説2**、**説3**を考えました。**説2**が正しいとした場合、**説3**も正しいことを示すには、どのような実験をして、どのような結果が得られればいいですか。もっとも適当なものを問2のア～エの中から1つ選び、記号で答えなさい。

[**説2**] ヨウ素液は、90℃において、デンプンの存在に関係なく無色透明になる。

[**説3**] だ液は、90℃において、デンプンを分解する働きを失い、その働きは温度を下げても、もとにはもどらない。

（2016年　開成中学校）

解説 ## ヨウ素液を使って、デンプンとだ液の関係を調べる！

ヨウ素液は、デンプンに反応して茶色から青むらさき色に色が変わります。

[**実験1**] と [**実験2**] のヨウ素液の反応から、「デンプンは25℃において、水を加えても分解されないが、だ液を加えると分解される」ことがわかります。

[**実験3**] では、水を加えて90℃で10分おくと、ヨウ素液が無色透明に変化。デンプンは分解されたように見えますが、温度によってヨウ素の色が変化してしまった可能性も残ります。90℃にしたデンプン液を冷やしてからヨウ素液を加え、青むらさき色になれば、「デンプンは、90℃において、だ液を加えなくても分解される」という説は否定されます。

仮説を確かめたいときには、1つだけ条件を変えて比べることが大事です。温度、だ液の有無、ヨウ素液の反応など、設問の選択肢の条件を整理して考えてみましょう。

[**説3**] が正しいことを示すには、[**実験4**]の後、温度を下げてもだ液がはたらかなかったことを示す**エ**の結果が得られればいいですね。

答え ｜ **問1** ウ **問2** イ **問3** エ

お手頃なお肉を、マル秘テクで格上げ

やわらか ステーキ

加熱するとギュッとひきしまってかたくなりがちな赤身肉。ある果物で下ごしらえをすると、びっくりするほどやわらかくジューシーに仕上がります。果物の酵素をかしこく活用して、お得にステーキざんまいを♡

赤身肉が
高級しもふり肉の
やわらかさに！

材料 （3～4人分）

牛肩ロースステーキ用肉
（オージービーフなど赤身が多いもの）… **2枚** （400g）

キウイ … **1個**

塩、こしょう … **各少々**

サラダ油 … **大さじ1**

しょうゆ、みりん … **各大さじ2**

バター … **適量**

フライドポテト、ベビーリーフ … **好みで**

道具

● **包丁とまな板**
● **密閉保存袋**
● **フライパン** ● **フライ返し**
● **アルミホイル**

やわらかステーキ の作り方

1 牛肉2枚（400g）は、包丁の先で赤身と脂の間に浅く切り込みを入れ、筋切りをする。

2 密閉保存袋に皮をむいたキウイ1個を入れ、袋の上から手でもんでこまかくつぶす。

3 2の袋に牛肉を入れ、肉全体にキウイがつくように袋の上からもむ。袋の口をとじて冷蔵庫で30分おき、冷蔵庫から取り出して常温でさらに30分おく。

4 牛肉を取り出し、キッチンペーパーでキウイをきれいにふきとり、両面に塩、こしょう各少々をふる。

| POINT /

キウイにつけておく時間が長いほど、牛肉がやわらかくなります。つけこみ時間をかえて、焼き比べてみるのもおもしろいね。

5 フライパンにサラダ油大さじ1を中火で熱し、牛肉を並べ、焼き色がつくまで3分ほど焼く。焼く途中で水分が出てきたら、キッチンペーパーで吸い取る。

6 ひっくり返してさらに1〜2分焼く。

7 アルミホイルに包んで5分ほどおく。肉汁はソースに使うので捨てない。

8 6のフライパンの余分な油やコゲを、キッチンペーパーなどで拭き取る。

9 しょうゆ、みりん各大さじ2と7のアルミホイルにたまった肉汁を入れ、ひと煮立ちさせる。

10 皿にステーキを盛って、9のソースをかけ、バターをのせる。好みでフライドポテトやベビーリーフをそえる。

キウイフルーツの秘密の成分で牛肉のタンパク質をやわらかく！

消化酵素ってなーに？
食べ物をこまかく分解するワケ

キウイフルーツには、アクチニジンという消化酵素がふくまれています。この酵素はタンパク質を小さく分解する役割があり、タンパク質を小さく切り刻んで、体が消化しやすいアミノ酸に変えます。

私たちのだ液、胃、腸などでもいろんな酵素がはたらいていて、食べ物が体の中に入ると、せっせと酵素がはたらいて、栄養をこまかく分解してくれます。

もしも食べた物がそのままの形でおしりから出ていったとしたら……食べる意味がないですね。

食べ物の栄養を体に取りこむには、血管のかべを通り抜けられるくらいこまかくする必要があります。栄養が血液に入ってはじめて、栄養を全身に運ぶことができるわけです。これが消化のしくみです。

植物にふくまれている酵素も、体内の酵素も、食べ物を消化して体に吸収するために、大事な仕事をしているのです。

ふしぎ解明 POINT

酵素がはたらくと
おいしさもアップする！

タンパク質はそのままでは体に栄養としても取りこめないし、味もありません。でも消化酵素でタンパク質がアミノ酸に分解されると、うまみを感じられるようになります。

キウイにつければ、消化酵素で肉がやわらかくなるうえに、うまみもアップ！消化もしやすくなります。

次の文を読んで、問いに答えなさい。

ある日、園子さんとお父さんは、あるテレビ番組を見ていました。その番組では、キウイフルーツをつぶしてスムージーを作る際、栄養をとるためにスムージーに牛乳を足してもよいと紹介していました。そのとき、園子さんは、「牛乳を足すのは飲む直前にしてください」と注意書きが表示されていることに気がつきました。

園子さん　あれ、牛乳を足すときは飲む直前に足さないといけないの？
お父さん　うーん、何でだろう。ゼリーにキウイフルーツを入れると固まりにくいと聞いたことがあるけれど、それと関係があるのかな。

調べたところ、キウイフルーツのスムージーに牛乳を足すのは飲む直前にした方がよいことと、ゼリーにキウイフルーツを入れると固まりにくいことの両方に、キウイフルーツに含まれるタンパク質分解酵素（タンパク質を分解する酵素）が関係していることがわかりました。キウイフルーツを牛乳に混ぜると、酵素が牛乳の中のタンパク質を分解して苦味のある成分に変えてしまうため、しばらくすると苦味が出てきます。

園子さんとお父さんが調べたところ、タンパク質分解酵素の他にもさまざまな種類の酵素があることがわかり、それらの酵素には次のような性質があることがわかりました。

[酵素の性質]　① 酵素は目的の物質にだけはたらく。
　　　　　　　　② ほとんどの酵素は 30 〜 40℃程度で最もよくはたらく。
　　　　　　　　③ 極端な高温にさらされると、壊れてはたらかなくなってしまう。
　　　　　　　　④ 酵素の種類によって、酸性で最もよくはたらくもの、中性で最もよくはたらくもの、
　　　　　　　　　アルカリ性で最もよくはたらくものがある。

園子さんとお父さんは、キウイフルーツをミキサーにかけ、スムージーをつくりました。そして **実験1**
を行いました。

実験1

　　　　[方法] タンパク質の一種であるゼラチンをお湯に溶かして容器に入れ、冷蔵庫で冷やしてゼリーをつくりました。このゼリーを小さじ1杯ずつはかり取って3つの**容器 A 〜 C** にそれぞれ入れ、小さじ1杯ずつのスムージーをかけて、次のような条件でしばらく置きました。
　　　　容器 A　4℃の冷蔵庫の中に入れた。
　　　　容器 B　18℃の室内に置いた。
　　　　容器 C　25℃の室内に置いた。

[結果]　**容器 A**　ゼリーは溶けなかった。

　　　　容器 B　ゼリーは少し溶けた。

　　　　容器 C　ゼリーはよく溶けた。

園子さん　やっぱり 30℃に近づいたことでタンパク質分解酵素がよくはたらくから、**容器 C** のゼリーがよく溶けたんだね！

お父さん　うーん。

　　　　　　ゼリーが溶けたのは、本当にタンパク質分解酵素のはたらきだと言い切れるのかな…。

問1　**実験1** において、**容器 C** でゼリーがよく溶けたのは、タンパク質分解酵素のはたらきによるものであるとは言い切れません。タンパク質分解酵素以外で、ゼリーが溶けた原因として考えられることを次より 1 つ選び、記号で答えなさい。

ア. 空気に触れているために溶けてしまった。

イ. 水分に触れているために溶けてしまった。

ウ. 温度が高いために溶けてしまった。

そこで園子さんとお父さんは、さらに **実験2** を行いました。

実験2

[方法] スムージーの一部を別の容器に入れ、沸騰した湯の中で 10 分間湯せんした後に冷ましました。次に **実験1** と同じようにゼリーを小さじ 1 杯ずつはかり取って、6 つの**容器 D〜I** にそれぞれ入れました。**容器 D〜F** には小さじ 1 杯ずつの湯せんしていないスムージーをかけ、**容器 G〜I** には小さじ 1 杯ずつの湯せんしたスムージーをかけ、次のような条件でしばらく置きました。なお、湯せんとは温めたいものを容器に入れ、容器ごと湯の中で間接的に温める方法です。

容器 D・容器 G　4℃の冷蔵庫の中に入れた。

容器 E・容器 H　18℃の室内に置いた。

容器 F・容器 I　25℃の室内に置いた。

[結果]　**容器 D**　ゼリーは溶けなかった。

　　　　容器 E　ゼリーは少し溶けた。

　　　　容器 F　ゼリーはよく溶けた。

　　　　容器 G　ゼリーは溶けなかった。

　　　　容器 H　ゼリーは溶けなかった。

　　　　容器 I　ゼリーは溶けなかった。

問2　実験2 について述べた次の文中の　か　に当てはまる105ページの [酵素の性質] の番号（①〜④）を1つ答えなさい。また　き　・　く　としてもっとも適当な容器の記号（D〜I）を2つ選び、答えなさい。

実験2 では、酵素の　か　の性質を利用して、ゼリーが溶けたのはタンパク質分解酵素のはたらきによるものであることを明らかにしようとした。容器　き　と容器　く　を比べると、ゼリーがタンパク質分解酵素によってよく溶けたことがわかる。

（2021年　洗足学園中学校）

解説　疑問から仮説を立て、
実験して検証する思考力がカギに

答え

問1　ウ

問2　か③　きF　くI

　実験1で、園子さんはゼリーにキウイスムージーをかけ、4℃、18℃、25℃の3つの温度でのゼリーのとけ方を観察しました。事前に酵素の性質を調べ、酵素は30〜40℃でもっともよくはたらくことがわかっています。実際、実験1では、酵素がよくはたらく温度に近い25℃でゼリーはよくとけました。ただ、これだけではタンパク質分解酵素がはたらいたかどうかはわかりません。部屋の温度が高いから、とけた可能性も残ります。

　これを確かめるための実験が、実験2です。園子さんは6つの容器で実験しましたが、注目するのは容器FとIです。25℃の室内においたとき、湯せんしていないスムージーと湯せんしたスムージーでとけ方が変われば、温度ではなくタンパク質分解酵素のはたらきでゼリーがとけたことが証明できます。

　この問題は、タンパク質分解酵素に関するものではありますが、ポイントは酵素についての知識ではありません。問題文をしっかり読み取って酵素の特ちょうを理解し、仮説を立証するためには自分だったらどのように実験を組み立てるだろうか、と考える力が問われています。

キウイたっぷりの
ゼリー、どうやって
固めた？

タンパク質分解酵素をふくむ果物でゼリーを作るときは、100℃など高温加熱して酵素のはたらきを止めてから冷やすと固まります。右は加熱せず固まらなかったゼリー。左は加熱してから冷やし固めたゼリー。

もっと知りたい！

酵素のこと

「人体」の単元では、消化器官と消化酵素の関係がよく出題されます。
栄養を吸収するために必要な代表的な酵素を、整理してみましょう。

消化酵素の担当は
タテヨコ法で覚える！

消化酵素はいくつか種類があり、分解できる栄養が決まっています。"推し"が決まっているようなものですね。だ液のアミラーゼはデンプンを分解、胃液のペプシンはタンパク質を分解。すい液はすごくはたらき者で、デンプン、タンパク質、しぼうを分解。腸液も、デンプンとタンパク質を分解しますが、しぼうは分解しません。右のように、消化器官と消化酵素、分解する栄養素をタテヨコの表にすると覚えやすくなります。

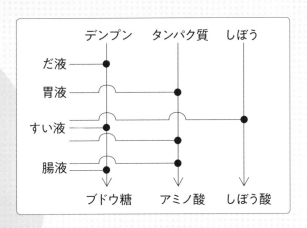

植物は
酵素の力で動物を
あやつっている⁉

植物内のさまざまな酵素のはたらきで、果物は熟すとあまくなります。これは、動物に食べられることで、動物のウンチと共に種を遠くまで運んでもらうための植物の作戦なのです。
植物は自分では動けませんが、まるで植物が「自分で動かなくても動物にやってもらえばいいや！」と思っているみたいですね。

パイナップルを食べたら舌がピリピリ……！

実は舌が
とけていた？

生のパイナップルを食べて、口の中がピリピリすると感じたことはありますか？ これはパイナップルの消化酵素で、舌の表面のタンパク質が分解されているため。ほんのちょっぴりですが、人体までとかしてしまうなんて、消化酵素のパワーはすごいですね。

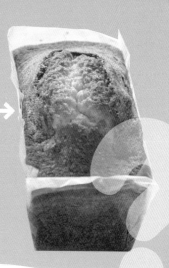

パウンドケーキを
ふんわり焼くコツ、
知ってる?

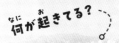
何が起きてる?

パン作りに使う
イーストを
砂糖入りの
ぬるま湯に入れてみたら
こんなことに!

PART

5
—
空気

材料リストに書かれることはないけれど、
とても重要な役割をになっている空気に注目!
ふんわり食感は、空気をうまく利用することで
作られます。空気が作り出すおいしさを
味わってみましょう。

ふっくら パウンドケーキ

小麦粉、卵、砂糖、バターの4つの材料を1ポンド（約453g）ずつ使って作ることから、イギリスでその名がついたパウンドケーキ。ふっくら焼き上げるためのポイントは、材料には書かれてない「空気」でした。

材料 （18×9×高さ6センチのパウンド型1台分）

無塩バター （50秒～1分レンジ加熱したもの）… **100g**

砂糖 … **100g**

卵 （常温のもの）… **Mサイズ2個**

薄力粉 … **100g**

ベーキングパウダー （ふくらし粉）… **小さじ1**

サラダ油 … **適量**

道具

● ボウル

● ハンドミキサー、またはあわ立て器

● 粉ふるい（万能こし器、ざるなど）

● ゴムべら

● パウンド型

● パウンド型用のしき紙、またはクッキングシート

● 竹串

バターをふわふわに
あわ立てるのが
最大のコツ！

ふっくらパウンドケーキ の作り方

1 大きめのボウルにバター100ｇを入れ、あわ立て器やハンドミキサー（低速）でほぐし、なめらかなクリーム状にする。

2 砂糖100ｇを加え、全体が白っぽくなるまで力強くまぜる。ハンドミキサーの場合は高速でまぜる。

3 ホイップ状になったらOK。きめこまかくふっくらしたパウンドケーキにするための最大のポイント！

4 卵2個をときほぐし、その1/3量を**3**に加えてあわ立て器でまぜる。残りの卵も2回にわけて加え、ボウルの側面についた生地も集めながら、そのつどしっかりまぜる。

5 薄力粉100ｇとベーキングパウダー小さじ1を合わせ、粉ふるいなどでふるい入れる。

6 片手でボウルを手前に回しながら、ゴムべらで生地を底からすくい上げ、返すようにしてまぜ合わせる。

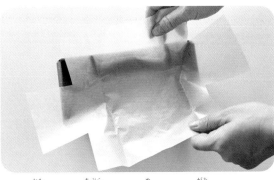

7 粉っぽさがなくなり、全体につやが出るまでしっかりまぜる。

8 型にサラダ油をうすく塗り、しき紙、または型の大きさに合わせて切り込みを入れたクッキングシートをしく。

9 生地をゴムべらですくい、型に落とすように入れる。全部を入れたら均一に広げ、2〜3回、型を10センチくらいの高さから台に落として中の空気を抜く。

10 ゴムべらの先で四隅まで生地をつめて平らにならし、中央に1本筋を入れる。

11 180℃に予熱したオーブンで30〜35分焼き、真ん中に竹串をさして濡れた生地がついてこなければ完成。

12 すぐに型から出し、紙をつけたまま、あみの上などで冷ます。

ふっくらパウンドケーキのふしぎ解明

バターをあわ立てるのは
ケーキをふかふかにするため

空気と水蒸気の協力で ふっくら焼き上がる!

パウンドケーキ生地は、焼く前はケーキ型の8分目ほどの量だったのに、焼けると、型からこんもりと盛り上がるほどにふくらみます。ふっくら焼き上げる最大のコツは、生地作りの最初にバターを一生懸命あわ立てることです。

バターをあわ立て器でまぜると、バターの中に小さな空気のつぶがたくさん入ります。そして、やわらかなバターはねばりけがあるため、そんな空気のつぶをしっかりかかえて離しません。

生地を焼くと、生地の中の水分が熱せられて水蒸気になり体積が増えます。その水蒸気がバターがかかえこんだ空気の部屋を押し広げるため、焼いている間に生地はふんわりとふくらみます。

焼く前に真ん中に筋を入れるのは、この筋から均一に水蒸気を逃すため。これでケーキの一部が出っぱったりせず、形よく全体的にふくらみます。

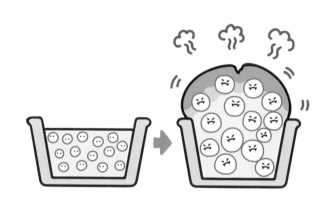

ふしぎ解明 POINT

温度で変わるバターの性質。 温めすぎに注意して

バターは冷たいと固くて、あわ立てるのは大変です。しかし温めすぎるとバターがとけ、液体になってしまいます。液体のバターは、あわ立て器でどんなにまぜてもあわ立たず、冷やしてももとの形にはもどりません。**温度によってバターの結晶の形が変わるため、性質もまるっきり変わってしまうのです。**

次の文を読んで、問いに答えなさい。

小麦粉、バター、卵、砂糖を同じ重さずつ混ぜて作るケーキは、パウンドケーキと呼ばれています。パウンドケーキを作るときには、まず、砂糖を加えたバターをあわ立て器で混ぜ、**白っぽくなるまで空気を含ませます**。そこに溶き卵と小麦粉を軽く混ぜ合わせて、四角い型に入れて180℃で焼いて作ります。

問1 下線部でバターに空気を含ませたのはなぜですか。次の文中の**a〜d**について、それぞれ[　　　]内の語句から適当なものを1つずつ選び、記号で答えなさい。

きめ細かいパウンドケーキを作るために、多くの**a[ア. 大きい　イ. 小さい]**空気のあわを作り、加熱された生地の中で発生した**b[ウ. 二酸化炭素　エ. 水蒸気]**が、そのあわの**c[オ. 体積　カ. 数]**を増加させて、生地を**d[キ. 均一　ク. 不均一]**にふくらませる。

問2 180℃より高い温度や低い温度で焼いたときには、完成したパウンドケーキの大きさはどうなりますか。次の文中の**a〜d**について、それぞれ[　　　]内の語句から適当なものを1つずつ選び、記号で答えなさい。

180℃より高いと早く焼けすぎて、上部が**a[ア. かたく　イ. やわらかく]**なるので、180℃で焼いたときよりもふくらみ**b[ウ. やすく　エ. にくく]**なる。180℃より低いと上部が焼けるまで時間がかかり、気体がとじこめられ**c[オ. やすく　カ. にくく]**なるので、180℃で焼くよりふくらみ**d[キ. やすく　ク. にくく]**なる。

(2020年　麻布中学校)

おかし作りをしたことがあれば、経験的にわかる!

パウンドケーキだけでなく、生地をふっくら焼き上げたいおかしでは「あわ立てる」という作業がよくあります。スポンジケーキは卵を、シフォンケーキは卵白をあわ立てます。あわ立てる材料がちがっても、空気のあわと水蒸気で、生地をふくらませる目的は同じです。

問2は、オーブンの温度についての問題。設問をよく読むと、どちらの選択肢が自然に起こりうるかがわかりますね。

答え　｜　**問1** a.イ　b.エ　c.オ　d.キ　**問2** a.ア　b.エ　c.カ　d.ク

115

生クリームをふりつづけると、バターになる！

　115ページで紹介した2020年の麻布中学校の問題では、同じ大問の中に、生クリームを題材にした設問もありました。こちらもおうちで気軽に実験できて、理系脳を育てるのにぴったりです。入試問題とバター作り、両方に挑戦してみましょう！

入試問題　次の文を読んで、問いに答えなさい。

　みなさんは生クリームの作り方を知っていますか。もともとは、しぼりたての牛乳を放置し、表面に浮かび上がってきた層を生クリームとして利用していましたが、今は**別の方法を用いて、短時間で作っています**。生クリームには、製品によって異なりますが20〜45％の油が含まれています。生クリームをペットボトルに入れて強く振ると、さらに大量の水分が離れて固体の油が現れます。これがバターです。バターの中には約15％の水分が含まれています。牛乳の中の油やバターの中の水分は、それぞれ小さな粒になっています。

問1　生クリーム・バター・牛乳を油の割合の多い順に並べなさい。

問2　下線部について、生クリームを短時間で作る方法と関係のある現象として最も適当なものを、次のア〜エから選び、記号で答えなさい。
　ア．海水を天日にさらして塩を取り出す。
　イ．コーヒーの粉に湯を注いでコーヒーを作る。
　ウ．ゴマを押しつぶして油をしぼり出す。
　エ．泥水を入れたバケツを振り回して泥と水を分ける。

（2020年　麻布中学校）

解説　遠心分離のはたらきで、生クリームのしぼう分と水分をわける

　生クリームのしぼう分は、球のような形をしていて、中で散らばっています。強くふると遠心力がはたらいて、しぼうの球同士がぶつかります。しぼうを包んでいた膜がやぶれてくっつき、大きなかたまりに。これがバターです。これはものをぐるぐる回して、重いものと軽いものをわける「遠心分離」の原理です。

答え	問1	バター・生クリーム・牛乳
	問2	エ

ペットボトルで手作りバター

用意するものは、生クリームと洗ってよく乾かしたペットボトル、保冷剤、輪ゴムだけ！
できたバターは冷蔵庫で冷やし、作った次の日までには全部食べきりましょう。

1 洗ってよく乾かした 500mL のペットボトルに、生クリーム 100mL を入れる。塩少々を加えれば、有塩バターに。

2 ふたをきっちりしめ、保冷剤を当てて輪ゴムでとめる。

シェイク！
シェイク！！

3 上下によくふる！冷たいのでふきんでくるむか、軍手をして。シャカシャカという音がしなくなったら、いったんチェック！

生クリームが
ホイップ状になって
ペットボトルに
はりついているよ。

4 さらに上下にふりつづけると、突然、パシャパシャと音がしはじめる！ふきんをはずすと、バターと白い液体にわかれている。ペットボトルをカットし、バターを取り出す。

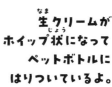
しぼう分が
くっついて
球状になった！

ふりつづけてもパシャパシャと音がしないときは…

少量の牛乳（30mL くらい）を入れて、ふってみよう。ペットボトルの内側にくっついた生クリームが動きやすくなって、バターができやすくなるよ。

117

焼き立てほかほかを召し上がれ！

くまさんパン

焼き立てパンの
いいにおいの正体は
アルコール！？

パンの基本の材料は、小麦粉と塩と水、そしてイースト菌です。ふわふわにあわ立つ卵も、ふくらし粉（ベーキングパウダー）も使わないのに、パンがふくらむのはなぜでしょう？　おいしいパンの立役者、小さな生き物（イースト菌）の活躍を見ていきましょう！

材料（5個分）

強力粉 … **250g**

砂糖 … **大さじ2**

ドライイースト、塩 … **各小さじ1**

ぬるま湯（35℃程度）… **160mL**

バター … **10g**

サラダ油 … **適量**

チョコペン（茶）… **適量**

道具

● **大きめのボウル**

● **ラップ**

● **めん台**（または大きめのまな板）

● **クッキングシート**

くまさんパンの作り方

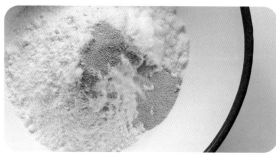

1 大きめのボウルに強力粉250g、砂糖大さじ2、ドライイースト小さじ1を入れて、手でざっとまぜ、塩小さじ1を加えてさらにまぜる。

2 35℃くらいのぬるま湯160mLを一気に加え、手でひとまとまりになるまでまぜる。手についた生地は、へらなどでこそげ取ってもどす。

3 **2**をめん台に出し、バターを電子レンジ（600W）で10〜20秒加熱してやわらかくしてのせる。手前から奥にむかって手の腹を台に押しつけるようにしながら7〜8分こねる。

4 最初は手にベタベタくっついていた生地が、こねるうちにまとまって手につかなくなる。生地のはしをひっぱるとうすく伸び、生地の向こう側の指が透けて見えるほどになったらこね上がり。

40分後ふくらんだ！

| POINT

パン作りで「一次発酵」といわれる大事な工程。生地が2倍にふくらめば一次発酵は完了。小麦粉をつけた指を中心にさしてすぐに穴がふさがらないことも目安になります。

5 ひとまとめに丸め、サラダ油を塗った**2**のボウルに丸めたとじ目を下にして入れ、ラップをかけ、電子レンジの発酵機能を使って35℃で30〜40分おく。室温で生地が2倍になるまで（あたたかい季節なら1時間ほど）おいてもOK。
※レンジの発酵機能は機種によってちがうので取扱説明書も確認してください。

120

6 生地をへらや包丁などで6等分にし、その1つを、くまの耳用にさらに10等分にする。

7 それぞれ手のひらでつぶしてガス抜きをする。

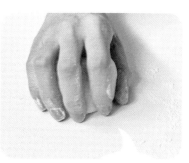

8 生地のふちを中心にあつめるようにつまみ、とじ目をキュッとひねってとじる。とじ目を下にして、指先を台につけながらくるくる回して形をととのえる。大きな丸を5個、耳になる小さな丸を10個作る。

9 クッキングシートをしいた天パンにくまの顔の形になるように生地を並べ、ぬれぶきんをかける。電子レンジの発酵機能で35℃で20分おいて2次発酵させる。

10 ふきんを取り、180℃に予熱したオーブンで15分焼き、あら熱がとれたら好みでチョコペンで顔を描く。

くまさんパンの ふしぎ解明

イースト菌が出す二酸化炭素で パンの生地がふくらむ！

イースト菌が元気に活動できる 温度を保つことが大事

　パン作りに欠かせないドライイーストは、特別な材料です。見た目は塩や砂糖のようにサラサラとした粉ですが、**その正体はなんと生きているイースト菌**。水を加えると、また元気に動きはじめます。

　イースト菌は、空気がある場所では呼吸をし、自分の体からニョキッと芽のように分身を出して増えていきます。

　でも、パン生地の中には、イースト菌が活動するのに十分な空気がありません。イースト菌は、空気をあてにするのをいさぎよくやめ、生地の中の糖分をパクパクと食べて、アルコールと二酸化炭素を作ります。このはたらきを、「発酵」といいます。

　砂糖をとかしたぬるま湯にイースト菌を入れると、イースト菌が発酵します。ぶくぶくと出るあわは、イースト菌が出した二酸化炭素です。イースト菌が元気に発酵できる温度は、28〜40℃くらい。40℃をこえると活動はゆっくりになり、60℃以上ではイースト菌は死んでしまいます。

ふしぎ解明 POINT

発酵させすぎると、 パン生地がスカスカに なってふくらまない

　イースト菌は、生地の中の糖分を食べて発酵します。発酵しすぎると、生地の中の糖がなくなって、スカスカに。さわるとガスがプスーッとぬけてしまい、焼いてもうまくふくらみません。

　ちょうどいい発酵具合になったら、すぐに次の作業に進むことも、おいしいパンを作るコツ。

122

次の文を読んで、問いに答えなさい。

お母さん	今日は一緒にパンを焼いてみようね。まずは、材料の用意。小麦粉・水・イースト・砂糖・塩・バターを準備して。
桃ちゃん	イーストって何？
お母さん	イーストは「酵母菌」といって、パンを発酵させるための微生物なの。発酵といってもいろいろとあるのだけれど、これは①**アルコール発酵**という種類になるのよ。イーストはあたたかい方が活発になって、空気があると呼吸をして、空気がないと発酵をおこなって②**アルコール**をつくるの。
桃ちゃん	パンは微生物の力を借りてつくられているんだね。知らなかった。
お母さん	まずは材料をボールに入れて混ぜるの。しっかりこねてね。
桃ちゃん	だんだんねばりが出てきた！
お母さん	小麦粉に含まれているタンパク質からグルテンという物質ができて、ねばりが出てくるのよ。このねばりがとても大事なの！
桃ちゃん	どうしてねばりが大事なの？
お母さん	あとのステップでその理由が分かるからそこで考えてみようね。次はあたたかい場所でボールに③**ラップをかけて**発酵させるの。
桃ちゃん	だんだんふくれてきた！
お母さん	イーストによる発酵が進んで、（　あ　）が出てきてふくれるのよ。パンがふくれるためにはこの（　あ　）が外に出ないことが大切なの。（　あ　）は呼吸の際に出される気体と同じよ。
桃ちゃん	だからねばりが大事なんだね。④**ねばりの必要な理由**が分かったわ。
お母さん	また少しこねて同じように発酵させるとパン生地に（　あ　）がさらに入り、ふっくら仕上がるの。
桃ちゃん	さらに発酵が進んでおいしくなるんだね。
お母さん	あとは形を整えてオーブンで焼いてできあがり。
桃ちゃん	できあがるのが楽しみ！
お母さん	微生物の力に感謝だね！

問 1 下線部①**アルコール発酵**で主につくられる食品を、次の**ア〜エ**の中から１つ選び、記号で答えなさい。

ア. みそ　**イ.** 納豆　**ウ.** ヨーグルト　**エ.** チーズ

問 2 下線部②について、パンを食べてもアルコールでよわない理由として正しいものを、次の**ア〜エ**の中から１つ選び、記号で答えなさい。

ア. アルコールがちがう物質に変化したから。

イ. アルコールがイーストに取りこまれたから。

ウ. アルコールが熱で蒸発したから。

エ. アルコールはすぐに分解される物質だから。

問3 下線部③の理由の説明として**ふさわしくないもの**を、次の**ア～エ**の中から1つ選び、記号で答えなさい。

ア. 温度を一定に保つため。

イ. 空気が入らないようにして発酵をうながすため。

ウ. 水分の蒸発を防ぐため。

エ. さらにねばりを出すため。

問4 文章中の（　あ　）に入る気体として正しいものを、次の**ア～エ**の中から1つ選び、記号で答えなさい。

ア. 酸素　**イ.** 二酸化炭素　**ウ.** ちっ素　**エ.** 水素

問5 下線部④**ねばりの必要な理由**を説明しなさい。

問6 次の図は、イーストにおける（　あ　）の発生量と温度との関係を示したものです。イーストのはたらきと温度との関係についての説明として正しいものを、後の**ア～エ**の中から1つ選び、記号で答えなさい。

ア. アルコール発酵は、温度の影響を受けにくい。

イ. 温度が低くなるほどアルコール発酵が進みやすい。

ウ. 温度が高くなるほどアルコール発酵が進みやすい。

エ. アルコール発酵は、最もよくはたらく温度が決まっている。

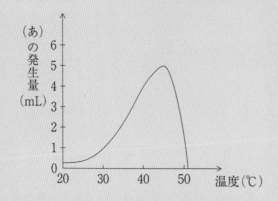

問7 前問6をもとに、パンをつくるのに使う水はどのような水が適切であると考えられますか。適切なものを、次の**ア～エ**の中から1つ選び、記号で答えなさい。

ア. 氷水　**イ.** 冷水　**ウ.** 温水　**ウ.** 熱水

（2023年　成蹊中学校）

解説　パン生地をよくこねるとふんわりするのはなぜ？

　パンやチーズ、ヨーグルトなど、菌による発酵を利用した食品は、たくさんあります。みそもパンと同じくアルコール発酵です。焼き立てパンやみそ汁のいい香りには、アルコールのいいにおいがふくまれていますが、アルコール分は熱で蒸発するため、焼き上がったパンなどには残りません。

　お母さんのセリフに「小麦粉にふくまれているタンパク質からグルテンという物質ができて、ねばりが出てくるのよ」とありますね。パン作りでは生地をよくこねることが大事です。こねることで、生地に弾力が生まれます。こねることでできたグルテンがあみ目状になって、イースト菌が出す二酸化炭素（気体）をとじこめるため、生地は気体によりふんわりふくらみます。

答え｜問1　ア　問2　ウ　問3　エ　問4　イ　問5　発生した気体が外に出ないようにするため。

問6　エ　問7　ウ

食べ物をおいしくする菌とくさらせる菌は何がちがう？

　発酵パンは、紀元前3000年ごろの古代エジプトで生まれたといわれます。小麦と水をまぜた生地に偶然、酵母菌が入り、発酵が起きた結果だと考えられています。

　では、イースト菌のようにおいしい食品を作る菌と、食べ物をくさらせる菌のちがいはなんでしょうか？

　実は、そのちがいは人間にとってよいか、悪いかという点だけ。

　食べても安全で、食べ物をおいしくする場合は「発酵」、いやなにおいや病気の原因になったりする場合は「腐敗」（くさること）と呼ばれます。

ふしぎ解明 POINT

経験の中で生み出された発酵食品、科学的な研究が進んでいます

　私たちは長い歴史の中で、人間にとってよいはたらきをする菌を知り、じょうずに活用してきました。

　ヨーグルト、チーズ、しょうゆ、ぬか漬けやキムチ、それから大人が大好きなワインや日本酒も、菌の発酵によって作られます。発酵食品はおいしいだけでなく、健康にもよい作用があると注目されています。

\\ もっと知りたい！ //

空気のこと

ふだんの生活で空気の存在を意識することは少ないですね。
でも実は、空気ってすごいんです！ 空気の「特別な性質」を紹介します。

空気の特別な性質1

自由に
のびちぢみ！

空気は押されると小さくなり、押されなくなると元の大きさにもどる性質があります。空気はせまい場所にもギュッとちぢんで入り、自由に形を変えられるんです。
　自転車のタイヤもこの性質を利用しています。押された空気がクッションの役割をして、快適に走ることができるんですよ。

空気の特別な性質3

音を伝える

空気がなければ、音は伝わりません。音は空気をふるわせることで、伝わっていくからです。空気がない宇宙空間では、音は聞こえません。そのため宇宙で作業する宇宙飛行士は、無線機を使い、電波にのせて音声を伝えています。

空気の特別な性質2

熱を
シャットアウト

空気は熱を伝えにくい気体です。暑い夏、アイスをダウンジャケットで包むと、部屋にそのままおくよりとけ方がゆっくりに。ダウンジャケットの空気が、外の暖かい空気をさえぎってくれるおかげで、アイスがとけにくくなるのです。

おわりに 「生きた知識」は宝物です!

こんなに多くの中学校の入試で料理に関する問題が出されているなんて、本書を読んでびっくりした方も多いのではないでしょうか。

実は難関校の入試でも、何か特別なことを知っていなければできないような問題は、あまり出されないんです。

もちろん小学校の教科書では習わないことがらも多いですが、料理レシピの秘密やコツを知ってから読めば、案外かんたんと感じませんでしたか?

「ただレシピ通りに作る」ではなく、「どうしてこうやって作るんだろう?」と考え理解して作ると、得た知識は他に応用できる「生きた知識」になると、著者は料理を通して教えてくれました。

一筋縄ではいかない中学受験の理科に対応するには、ふだんの生活のなかでどれだけさまざまな現象に関心をむけ、「体感」しているかがものを言います。

そう考えると、キッチンやおふろは、最高の理科実験教室です。

とくにキッチンでは、食品の色やにおい、温度、形状の変化などを体感できます。特別な実験道具をそろえなくても、おかし作りや日々のお手伝いをするだけで、デンプンの性質、水溶液の性質、温度と体積の関係、植物のつくりなどなど、いろいろ学ぶことができるわけです。

本書では、目にも楽しく、おいしい料理を通して、中学受験で必要となる理科的思考力を身につけることをめざしています。

机にかじりついてガリ勉するだけが、勉強ではありません。体験により、理系脳を育て、ワクワクしながら理科に取り組める子がふえることを願っています。

辻 義夫

127

●参考文献　四谷大塚 HP　https://www.yotsuyaotsuka.com/chugaku_kakomon/

中村陽子 なかむら・ようこ

料理家。法政大学経営学部卒業後、料理研究家のアシスタントを経て独立。中学生の女の子、小学生の男の子の母でもあり、親子クッキングはライフワークとなっている。子どもとともに学ぶなかで、科学の理解が料理に生きることを体感。長女の中学受験の伴走を通じて、身近な現象への興味関心を持って探究する姿勢の重要性を痛感したことが、本書の制作の原動力に。『理系脳をつくる 食べられる実験図鑑』（主婦の友社）など著書多数。
公式 HP　https://www.yokonakamura-cooking.work/

辻義夫 つじ・よしお

理数教育家、中学受験専門のプロ家庭教師「名門指導会」副代表。「中学受験情報局かしこい塾の使い方」主任相談員。大手塾講師、個別指導教室運営の経験を経て、知らない間に理数系教科が好きになる「ワクワク系理科」指導ノウハウを確立。現在はそのノウハウを家庭教師のフィールドで実践。『中学受験 すらすら解ける魔法ワザ　理科・基本からはじめる超入門』（実務教育出版）など著書多数。

受験でも学校でも役立つ！
「辻義夫の書き込み式暗記ドリル」
プレゼントはこちら⇒

キッチンで頭がよくなる！
理系脳が育つレシピ

2024 年 7 月 15 日第 1 刷発行

著者	中村陽子
監修	辻義夫
発行者	矢島和郎
発行所	株式会社 飛鳥新社
	〒 101-0003　東京都千代田区一ツ橋 2-4-3　光文恒産ビル
	電話（営業）03-3263-7770　（編集）03-3263-7773
	https://www.asukashinsha.co.jp

撮影	吉田篤史
装丁・本文デザイン	太田玄絵
装丁・本文イラスト	みわまさよ
取材・文	浦上藍子
調理アシスタント	田中美保子　西條聖花
調理イラスト（P50）	中村ひらら
校正	大西華子

印刷・製本	中央精版印刷株式会社

編集担当　江波戸裕子